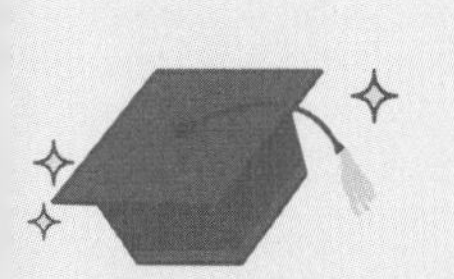

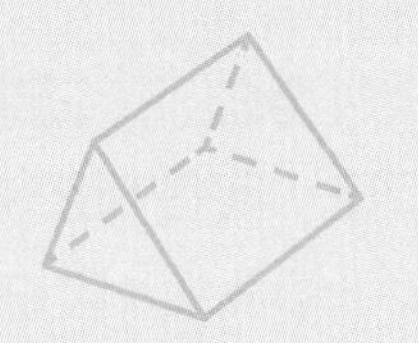

초등 5·2

5학년 2학기

교과셈

책을 내면서

연산은 교과 학습의 시작

효율적인 교과 학습을 위해서 반복 연습이 필요한 연산은 미리 연습되는 것이 좋습니다. 교과 수학을 공부할 때 새로운 개념과 생각하는 방법에 집중해야 높은 성취도를 얻을 수 있습니다. 새로운 내용을 배우면서 반복 연습이 필요한 내용은 학생들의 생각을 방해하거나 학습 속도를 늦추게 되어 집중해야 할 순간에 집중할 수 없는 상황이 되어 버립니다. 이 책은 교과 수학 공부를 대비하여 공부할 때 최고의 도움이 되도록 했습니다.

원리와 개념을 익히고 반복 연습

원리와 개념을 익히면서 연습을 하면 계산력뿐만 아니라 상황에 맞는 연산 방법을 선택할 수 있는 힘을 키울 수 있고, 교과 학습에서 연산과 관련된 원리 학습을 쉽게 이해할 수 있습니다. 숫자와 기호만 반복하는 경우에 수 연산 관련 문제가 요구하는 내용을 파악하지 못하여 계산은 할 줄 알지만 식을 세울 수 없는 경우들이 있습니다. 수학은 결과뿐 아니라 과정도 중요한 학문입니다.

사칙 연산을 넘어 반복이 필요한 전 영역 학습

사칙 연산이 연습이 제일 많이 필요하긴 하지만 도형의 공식도 연산이 필요하고, 대각선의 개수를 구할 때나 시간을 계산할 때도 연산이 필요합니다. 전통적인 연산은 아니지만 계산력을 키우기 위한 반복 연습이 필요합니다. 이 책은 학기별로 반복 연습이 필요한 전 영역을 공부하도록 하고, 어떤 식을 세워서 해결해야 하는지 이해하고 연습하도록 원리를 이해하는 과정을 다루고 있습니다.

다양한 접근 방법

수학의 풀이 방법이 한 가지가 아니듯 연산도 상황에 따라 더 합리적인 방법이 있습니다. 한 가지 방법만 반복하는 것은 수 감각을 키우는데 한계를 정해 놓고 공부하는 것과 같습니다. 반복 연습이 필요한 내용은 정확하고, 빠르게 해결하기 위한 감각을 키우는 학습입니다. 그럴수록 다양한 방법을 익히면서 공부해야 간결하고, 합리적인 방법으로 답을 찾아낼 수 있습니다.

올바른 연산 학습의 시작은 교과 학습의 완성도를 높여 줍니다. 교과셈을 통해서 효율적인 수학 공부를 할 수 있도록 하세요.

지은이 천종현

1. 교과셈 한 권으로 교과 전 영역 기초 완벽 준비!

사칙 연산을 포함하여 반복 연습이 필요한 교과 전 영역을 다룹니다.

2. 원리의 이해부터 실전 연습까지!

원리의 이해부터 실전 문제 풀이까지 쉽고 확실하게 학습할 수 있습니다.

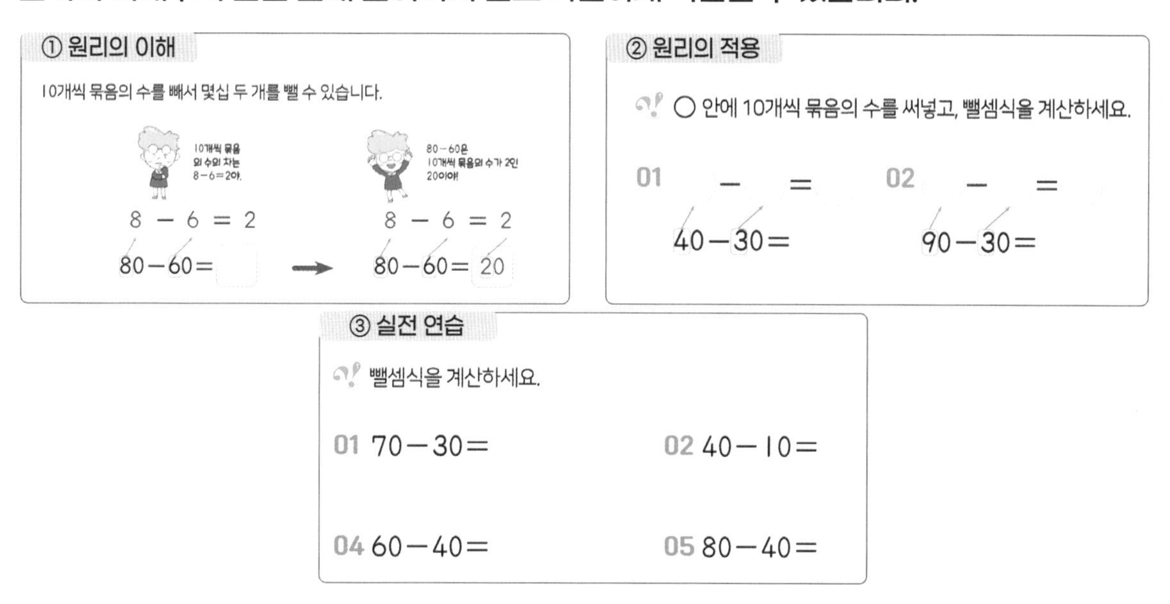

3. 다양한 연산 방법 연습!

다양한 연산 방법을 연습하면서 수를 다루는 감각도 키우고,
상황에 맞춘 더 정확하고 빠른 계산을 할 수 있도록 하였습니다.

뺄셈을 하더라도 두 가지 방법 모두 배우면 더 빠르고 정확하게 계산할 수 있어요!

앞의 수를 10과 몇으로 가르고, □ 안에 알맞은 수를 써넣어 뺄셈식을 계산하세요.

01 11−8
10−8+ =

02 17−9
10−9+ =

뒤의 수를 갈라서 차가 10인 두 수를 만들고, □ 안에 알맞은 수를 써넣어 뺄셈식을 계산하세요.

01 16−8
16−6− =

02 15−8
15−5− =

교과셈이 추천하는

학습 계획

한 권의 교재는 32개 강의로 구성

한 개의 강의는 두 개 주제로 구성

매일 한 강의씩, 또는 한 개 주제씩 공부해 주세요.

매일 한 개 강의씩 공부한다면 32일 완성 과정

복습을 하거나, 빠르게 책을 끝내고 싶은 아이들에게 추천합니다.

매일 한 개 주제씩 공부한다면 64일 완성 과정

하루 한 장 꾸준히 하고 싶은 아이들에게 추천합니다.

성취도 확인표, 이렇게 확인하세요!

교과셈 6학년 1학기

2 PART 소수의 나눗셈

차시별로 정답률을 확인하고, 성취도에 O표 하세요.

80% 이상 맞혔어요. / 60%~80% 맞혔어요. / 60% 이하 맞혔어요.

차시	단원	성취도
8	몫이 소수인 자연수의 나눗셈 세로셈	
9	몫이 소수인 자연수의 나눗셈 세로셈 연습	
10	몫이 소수인 자연수의 나눗셈 이해	
11	(소수)÷(자연수) 세로셈	
12	(소수)÷(자연수) 세로셈 연습 1	
13	(소수)÷(자연수) 세로셈 연습 2	
14	(소수)÷(자연수) 이해	
15	소수의 나눗셈 어림하기	
16	소수의 나눗셈 연습 1	
17	소수의 나눗셈 연습 2	

속도보다는 정확도가 중요하고, 정확도보다는 꾸준한 학습이 중요합니다! 꾸준히 할 수 있도록 하루 학습량을 적절하게 설정하여 꾸준히, 그리고 더 정확하게 풀면서 마지막으로 학습 속도도 높여 주세요!

채점하고 정답률을 계산해 성취도 확인표에 표시해 주세요. 복습할 때 정답률이 낮은 부분 위주로 하시면 됩니다. 한 장에 10분을 목표로 진행합니다. 단, 풀이 속도보다는 정답률을 높이는 것을 목표로 하여 학습을 지도해 주세요!

교과셈 5-2

연계 교과

단원	연계 교과 단원	학습 내용
Part **1** 수의 범위와 어림하기	5학년 2학기 · 1단원 수의 범위와 어림하기	· 이상과 이하 · 초과와 미만 · 올림, 버림, 반올림 POINT 수와 수직선으로 수의 범위를 나타내는 방법을 배우고, 어림하기가 수학에 왜 필요한지 이해할 수 있도록 했습니다.
Part **2** 분수의 곱셈	5학년 2학기 · 2단원 분수의 곱셈	· (분수) × (분수) · (분수) × (자연수) · 분수의 곱셈 어림하기 · 세 분수의 곱셈 POINT 분수의 곱셈은 분모는 분모끼리, 분자는 분자끼리 곱하고 약분을 하면 된다는 점을 알고 연습을 하는 것이 핵심입니다. 원리를 이용해 어림하여 계산할 수 있는 경우도 배워 봅니다.
Part **3** 소수의 곱셈	5학년 2학기 · 4단원 소수의 곱셈	· (소수)×(자연수) · (소수)×(소수) · 자연수의 곱셈과의 비교 POINT 소수점을 몇 칸 움직여야 하는지 찾으면 소수점의 위치를 알맞게 표시할 수 있습니다. 이를 이용해서 소수의 곱셈도 자연수의 곱셈과 같은 방법으로 계산할 수 있습니다.
Part **4** 평균 구하기	5학년 2학기 · 6단원 평균과 가능성	· 평균과 자료 값의 합, 자료의 수의 관계 · 가평균을 이용해서 평균 구하기 POINT 평균의 개념을 알고, 여러 가지 형태의 평균과 관련된 문제를 연습하면서 초등수학의 수준에서 가평균의 개념도 배웁니다.

교과셈

자세히 보기

원리의 이해

나타내야 하는 자리의 바로 아래 자리 숫자에 따라 내리거나 올려 간단한 수로 나타내는 방법을 반올림이라고 합니다. 다음은 1543을 반올림하여 백의 자리까지 나타내는 방법입니다.

① 어느 자리까지 나타내야 하는지 먼저 확인합니다.
② 백의 자리까지 나타내야 하므로 바로 아래 자리인 십의 자리 숫자를 확인합니다.
③ 확인한 숫자가 0~4이면 백의 자리 아래 수를 버림하고, 5~9이면 백의 자리 아래 수를 올림합니다.

만약에 1553이었다면 십의 자리 숫자가 5니까 53을 100으로 올려서 1600이 되었겠다!

식뿐만 아니라 그림도 최대한 활용하여 개념과 원리를 쉽게 이해할 수 있도록 하였습니다. 또한 캐릭터의 설명으로 원리에서 핵심만 요약했습니다.

단계화된 연습

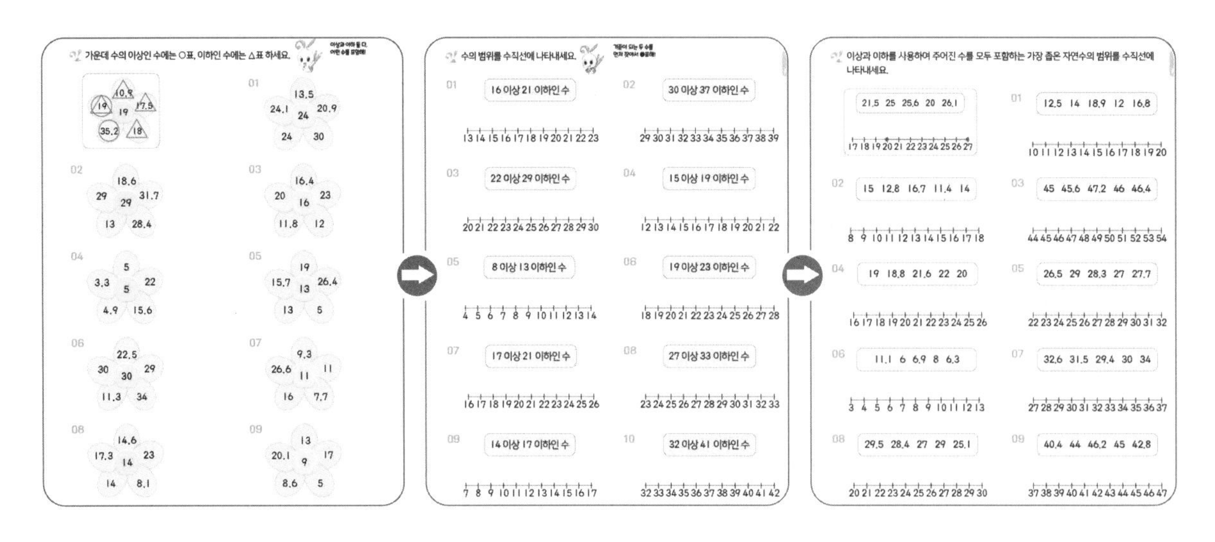

처음에는 원리에 따른 연산 방법을 따라서 연습하지만, 풀이 과정을 단계별로 단순화하고, 실전 연습까지 이어집니다.

초등 5학년 2학기

다양한 연습

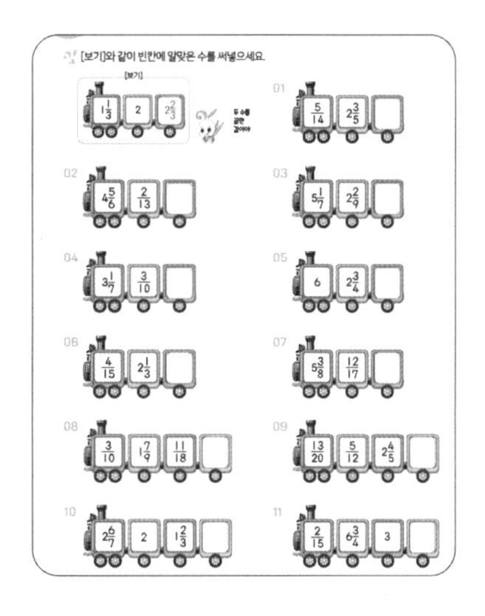
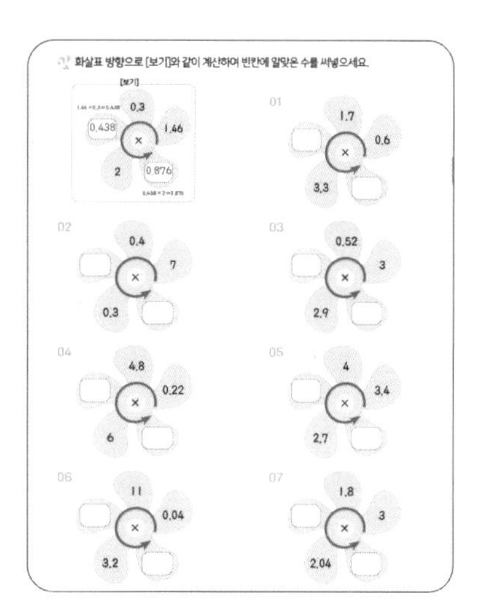

전형적인 형태의 연습 문제 위주로 집중 연습을 하지만 여러 형태의 문제도 다루면서 지루함을 최소화하도록 구성했습니다.

교과 확인

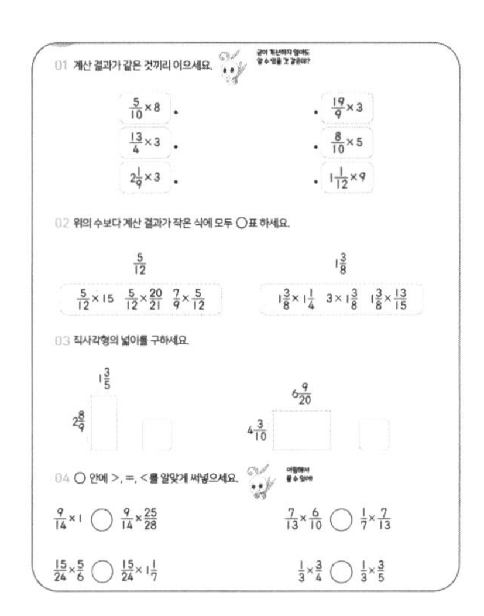

교과 유사 문제를 통해 성취도도 확인하고 교과 내용의 흐름도 파악합니다.

재미있는 퀴즈

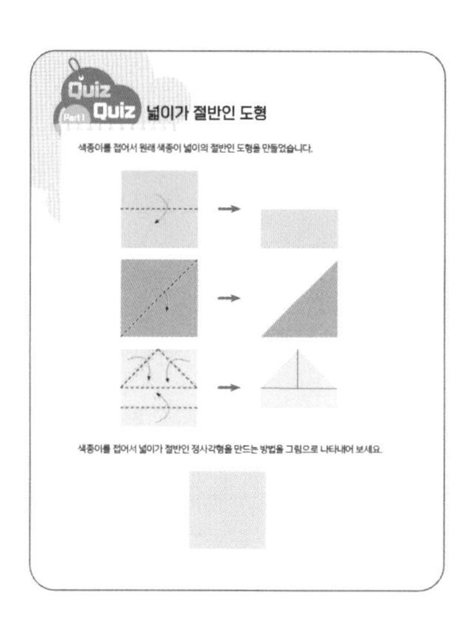

학년별 수준에 맞춘 알쏭달쏭 퀴즈를 풀면서 주위를 환기하고 다음 단원, 다음 권을 준비합니다.

교과셈

전체 단계

1-1		
	Part 1	9까지의 수
	Part 2	모으기, 가르기
	Part 3	덧셈과 뺄셈
	Part 4	받아올림과 받아내림의 기초

1-2		
	Part 1	100까지의 수
	Part 2	두 자리 수 덧셈, 뺄셈의 기초
	Part 3	(몇)+(몇)=(십몇)
	Part 4	(십몇)−(몇)=(몇)

2-1		
	Part 1	두 자리 수의 덧셈
	Part 2	두 자리 수의 뺄셈
	Part 3	덧셈과 뺄셈의 관계
	Part 4	곱셈

2-2		
	Part 1	곱셈구구
	Part 2	곱셈식의 □ 구하기
	Part 3	길이의 계산
	Part 4	시각과 시간의 계산

3-1		
	Part 1	덧셈과 뺄셈
	Part 2	나눗셈
	Part 3	곱셈
	Part 4	길이와 시간의 계산

3-2		
	Part 1	곱셈
	Part 2	나눗셈
	Part 3	분수
	Part 4	들이와 무게

4-1		
	Part 1	각도
	Part 2	곱셈
	Part 3	나눗셈
	Part 4	규칙이 있는 계산

4-2		
	Part 1	분수의 덧셈과 뺄셈
	Part 2	소수의 덧셈과 뺄셈
	Part 3	다각형의 변과 각
	Part 4	가짓수 구하기와 다각형의 각

5-1		
	Part 1	자연수의 혼합 계산
	Part 2	약수와 배수
	Part 3	약분과 통분, 분수의 덧셈과 뺄셈
	Part 4	다각형의 둘레와 넓이

5-2		
	Part 1	수의 범위와 어림하기
	Part 2	분수의 곱셈
	Part 3	소수의 곱셈
	Part 4	평균 구하기

6-1		
	Part 1	분수의 나눗셈
	Part 2	소수의 나눗셈
	Part 3	비와 비율
	Part 4	직육면체의 부피와 겉넓이

6-2		
	Part 1	분수의 나눗셈
	Part 2	소수의 나눗셈
	Part 3	비례식과 비례배분
	Part 4	원주와 원의 넓이

수의 범위와 어림하기

차시별로 정답률을 확인하고, 성취도에 O표 하세요.

80% 이상 맞혔어요. 60% ~ 80% 맞혔어요. 60% 이하 맞혔어요.

차시	단원	성취도
1	이상과 이하	
2	이상과 이하 연습	
3	초과와 미만	
4	초과와 미만 연습	
5	이상, 이하, 초과, 미만 연습	
6	올림	
7	버림	
8	반올림	
9	올림, 버림, 반올림 연습 1	
10	올림, 버림, 반올림 연습 2	

어림하면 수를 비교적 정확하고 간단하게 나타낼 수 있습니다.

01 이상과 이하

A 10 이상인 수와 10 이하인 수는 10을 포함해요

어떤 수와 크기가 같거나 큰 수를 어떤 수 이상인 수라고 합니다.

10 이상인 수 → 10, 10.5, 11, 12, …

다음 수의 이상인 수에 모두 ○표 하세요.

01 | 15 | 10 15 20 15.2 13.5

02 | 23 | 16 19.7 23 22.5 29

03 | 8 | 12 6 4.7 7.5 14.6

04 | 11 | 17 9.3 11 11.6 8.4

어떤 수와 크기가 같거나 작은 수를 어떤 수 이하인 수라고 합니다.

10 이하인 수 → 10, 9.5, 8.6, 8, …

다음 수의 이하인 수에 모두 ○표 하세요.

05 | 10 | 10 3 4.1 0.2 10.1

06 | 16 | 19.5 22 15 9.6 16.7

07 | 25 | 25 26 12.9 8.7 25.3

08 | 7 | 6.9 3.4 11.1 7 14

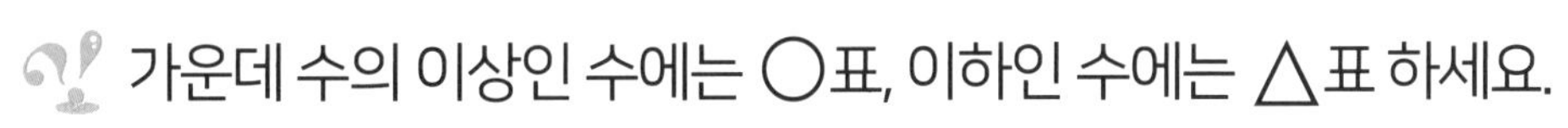

가운데 수의 이상인 수에는 ○표, 이하인 수에는 △표 하세요.

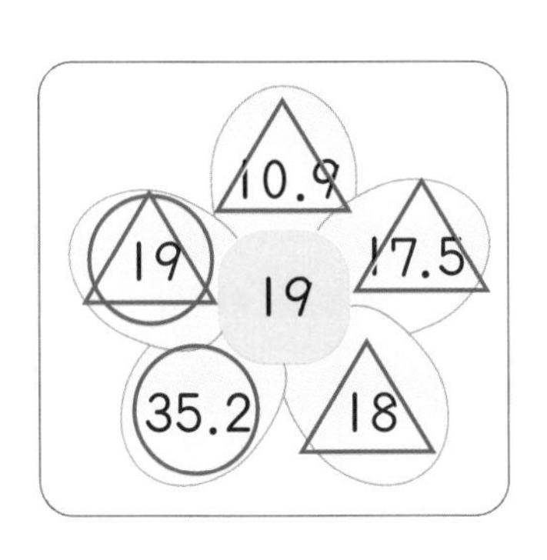

01

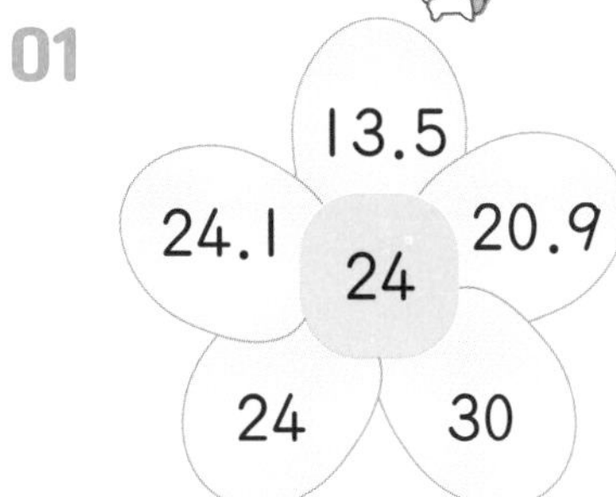

02

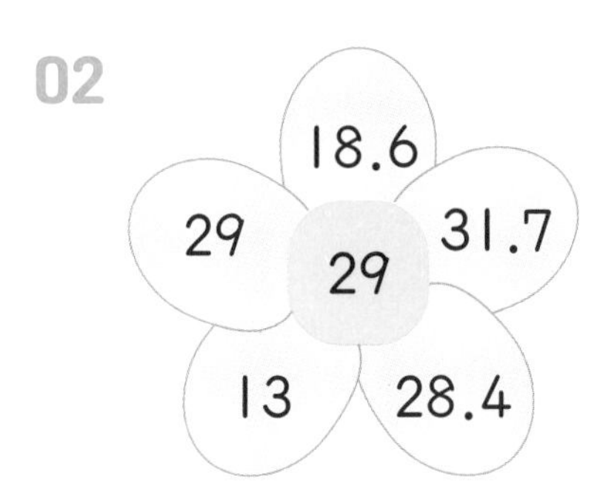

03

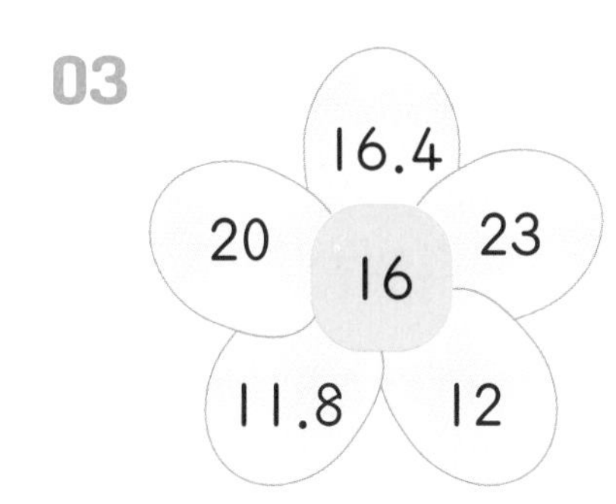

04

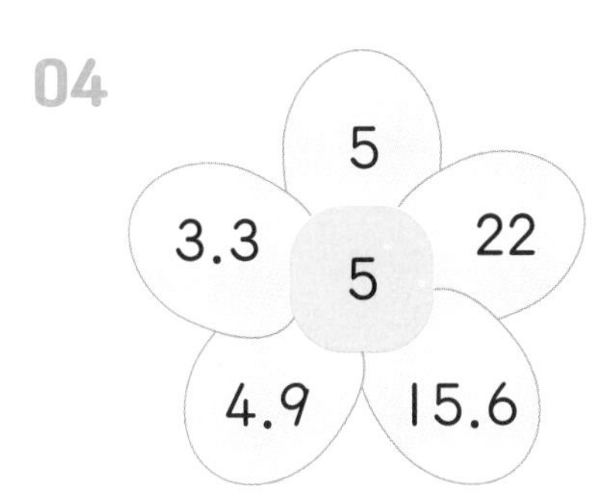

05

13

19, 26.4, 5, 13, 15.7

06

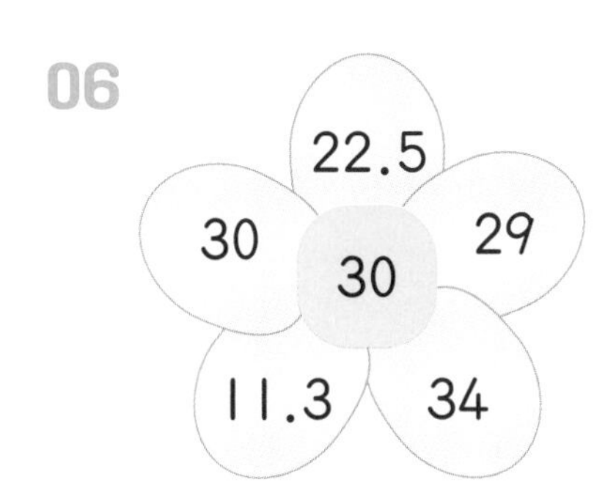

07

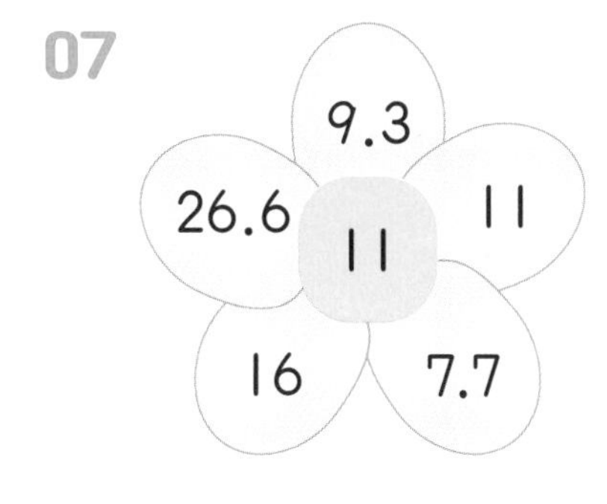

08

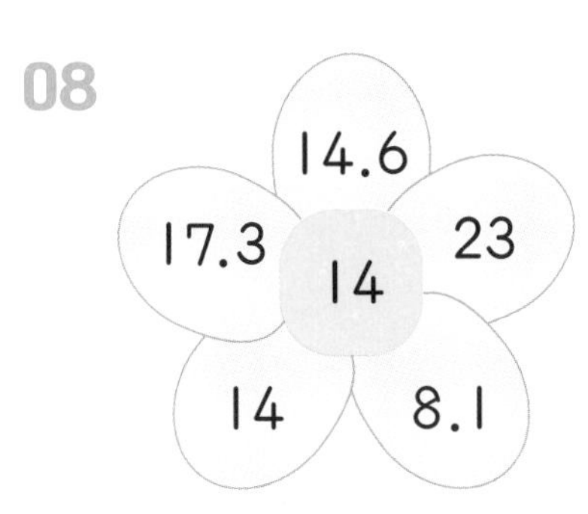

09

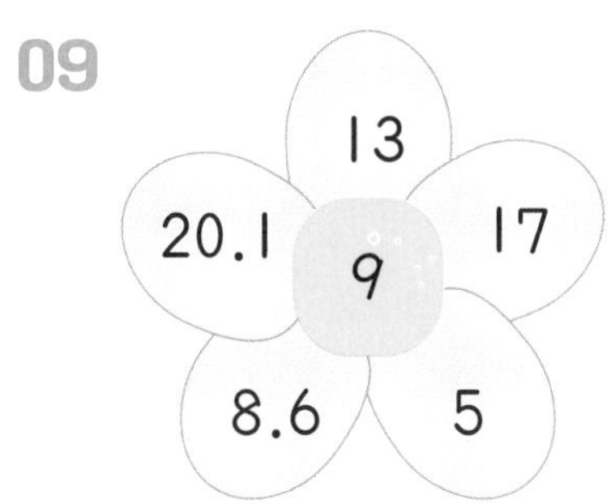

01 이상과 이하

B 기준이 되는 수에 ●표 해요

어떤 수 이상 또는 이하에 속하는 수의 범위를 수직선에 나타낼 수 있습니다. 기준이 되는 수에 ●표 하고 이상은 수가 커지는 오른쪽으로, 이하는 수가 작아지는 왼쪽으로 뻗게 그려 나타냅니다.

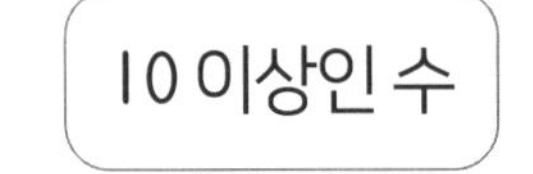

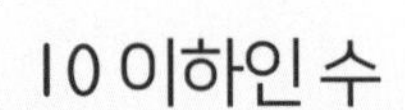

●표는 이 수를 포함한다는 표시야!

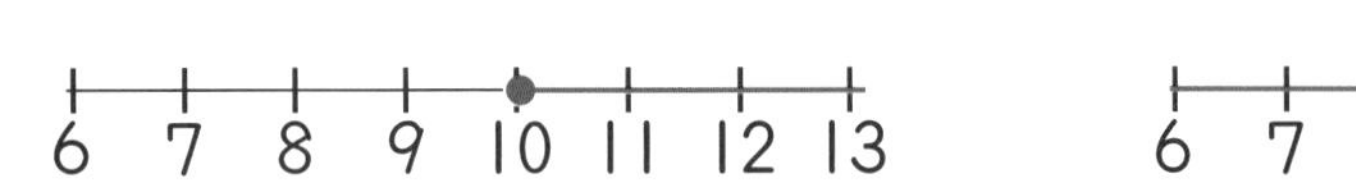

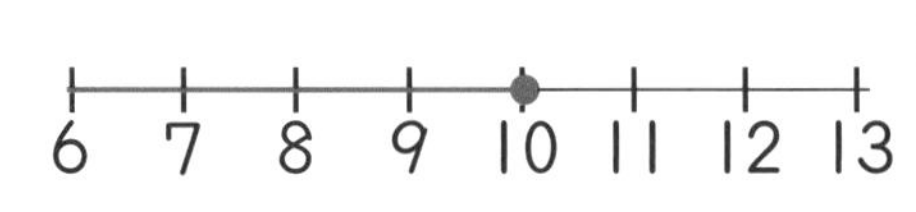

수직선을 보고 수의 범위를 빈칸에 알맞게 써넣으세요.

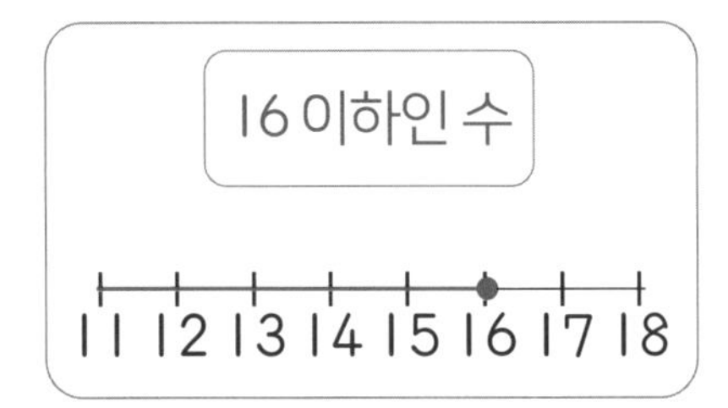

01

16 17 18 19 20 21 22 23

02

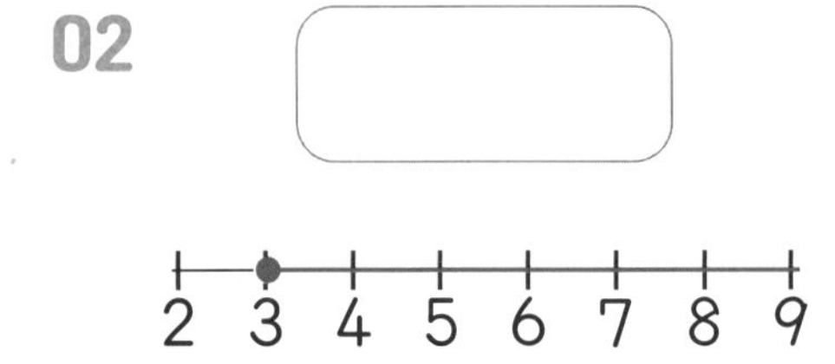

03

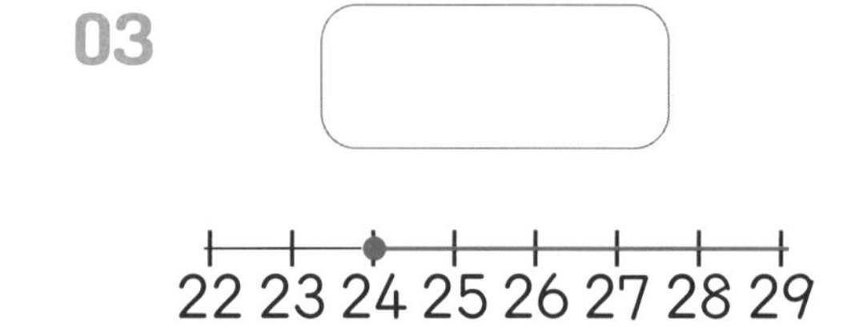

04

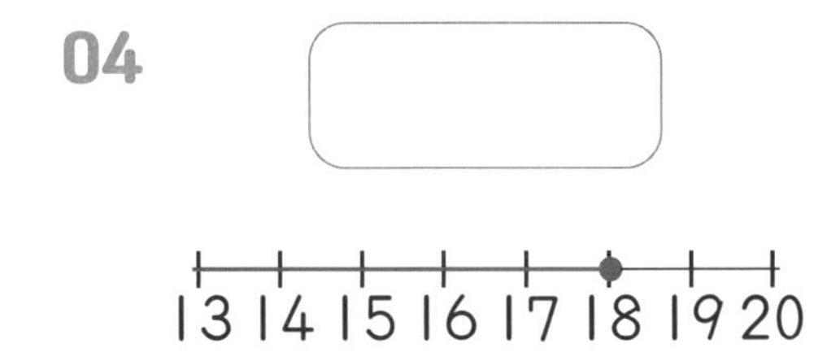

05

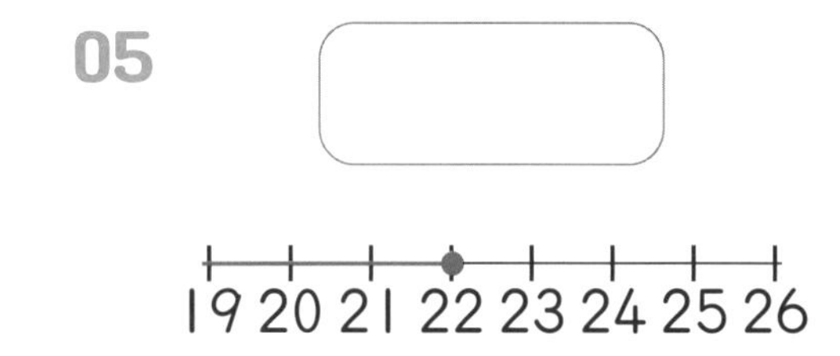

06

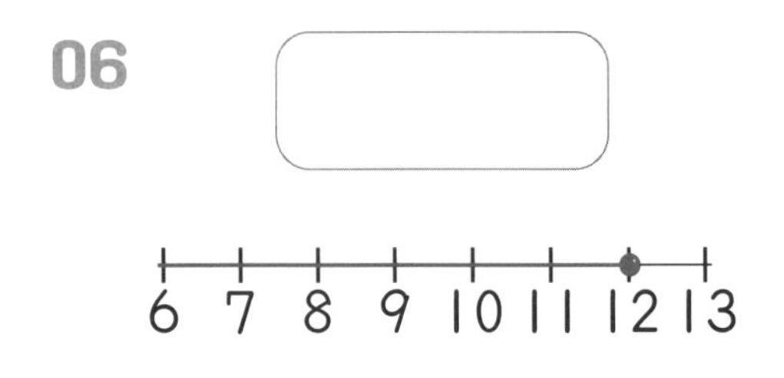

07

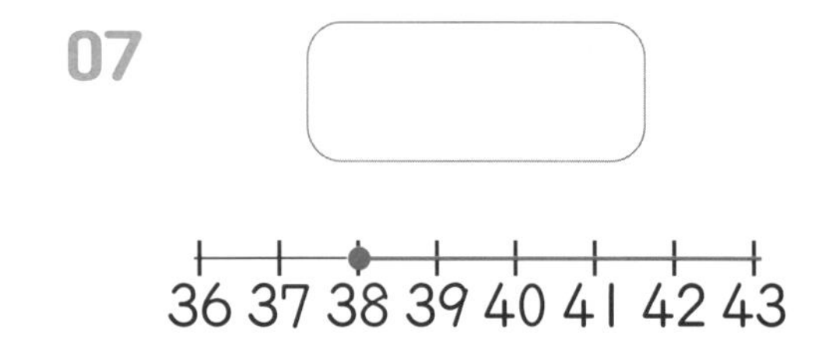

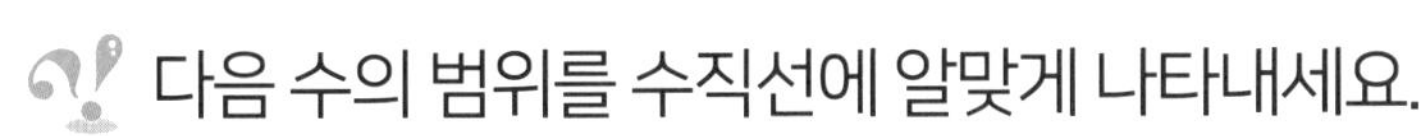

주의해!
수직선을 그릴 때 아래처럼 끊기게 그리면 안 돼!
그럼 수의 범위를 모두 표현할 수 없다구!
16 17 18 19 20 21 22 23 (X)

01 26 이상인 수

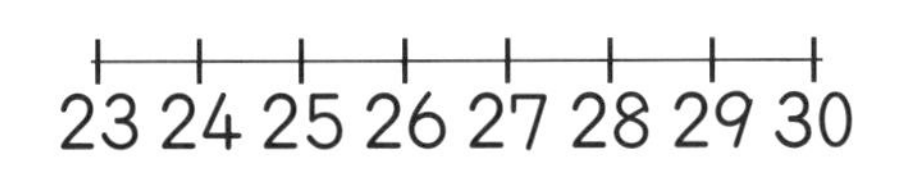

02 12 이하인 수

03 18 이상인 수

04 17 이하인 수

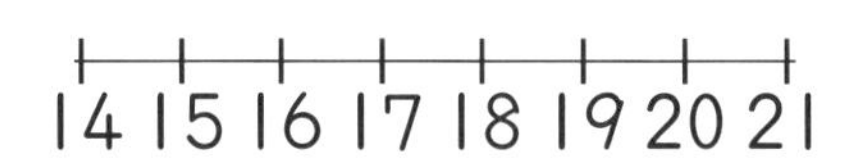

05 12 이상인 수

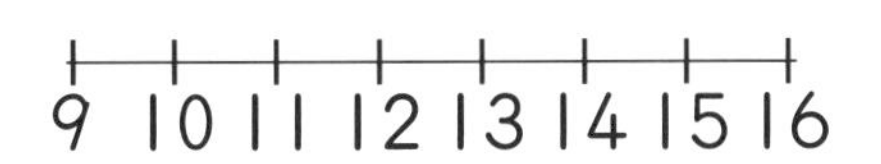

06 37 이하인 수

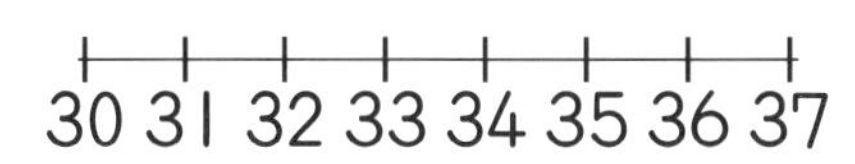

07 36 이상인 수

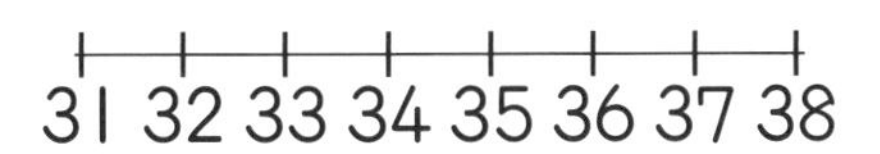

08 26 이하인 수

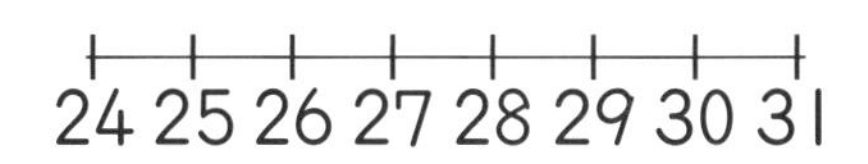

09 17 이상인 수

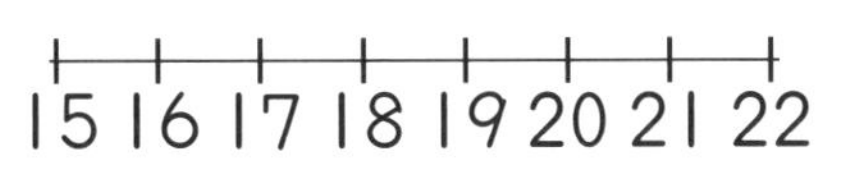

10 23 이하인 수

19 20 21 22 23 24 25 26

이상과 이하 연습

02 A 어떤 수의 이상과 이하는 어떤 수를 포함해요

□ 이상 △ 이하인 수로 두 수의 범위를 동시에 나타낼 수 있습니다. 수직선에 나타낼 때에는 기준이 되는 두 수를 찾아 ●표를 하고 두 수를 이어줍니다.

8 이상 12 이하인 수

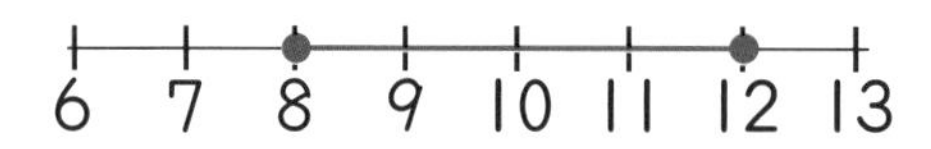

다음 범위 안에 속한 수에 모두 ○표 하세요.

01 13 이상 36 이하인 수

12.9 10 29 40 16 36

02 8 이상 15 이하인 수

8.6 7 15.3 19.4 27 11

03 10 이상 22 이하인 수

22 7.6 10.3 9 19.8 15

04 9 이상 34 이하인 수

18.1 9 27.8 15 6.4 35

05 4 이상 14 이하인 수

17 9.5 4 5.7 2.8 14

06 15 이상 33 이하인 수

30 16 14.2 15.7 17 33

수의 범위를 수직선에 나타내세요.

01 16 이상 21 이하인 수

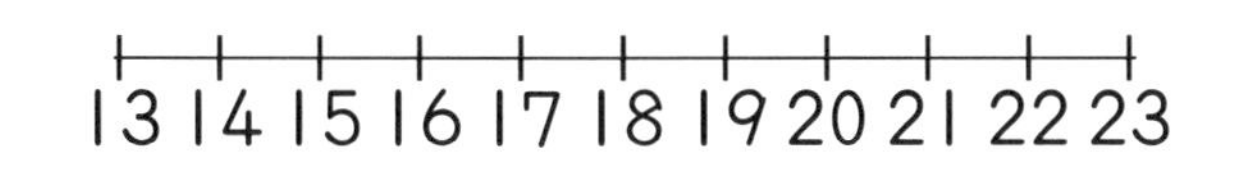

02 30 이상 37 이하인 수

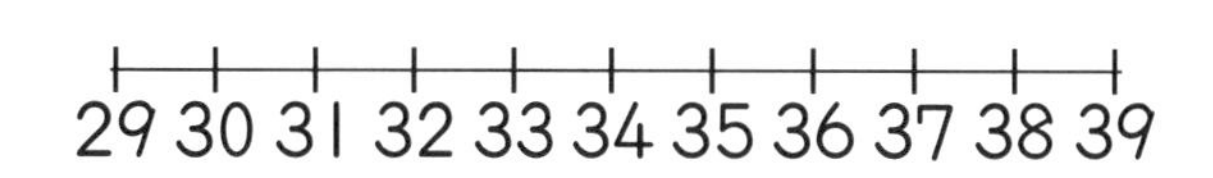

03 22 이상 29 이하인 수

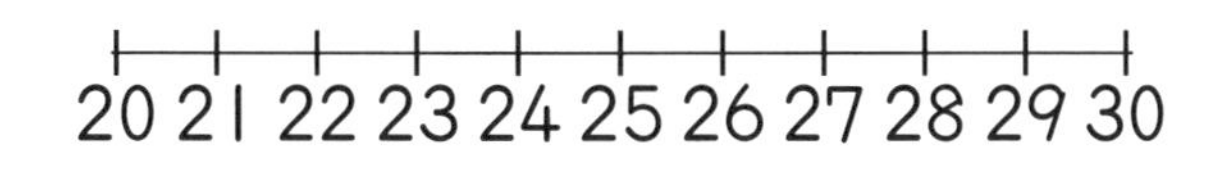

04 15 이상 19 이하인 수

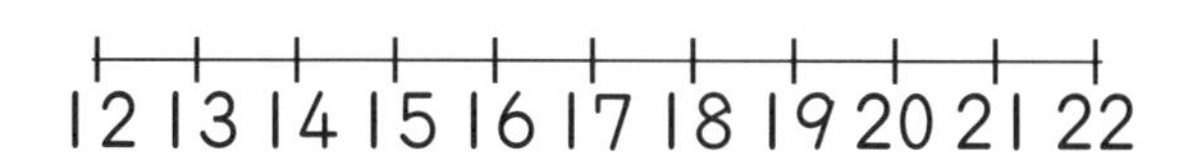

05 8 이상 13 이하인 수

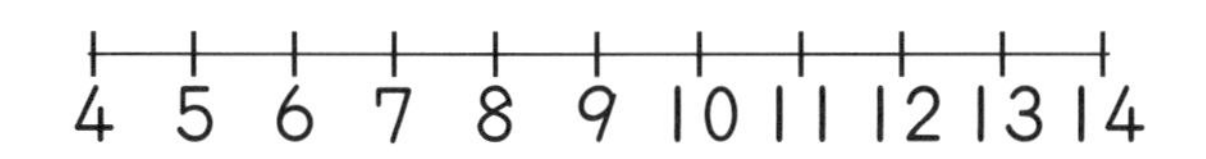

06 19 이상 23 이하인 수

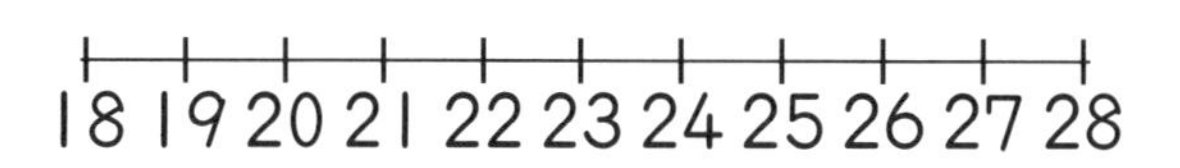

07 17 이상 21 이하인 수

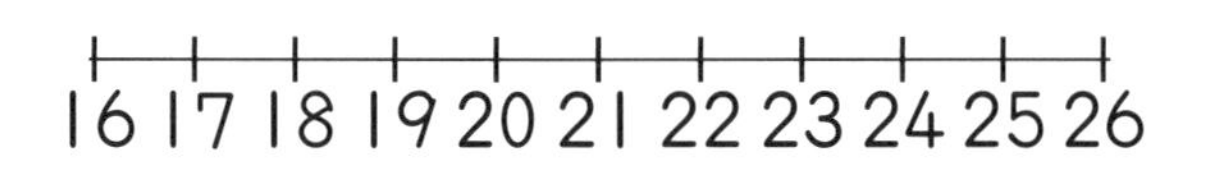

08 27 이상 33 이하인 수

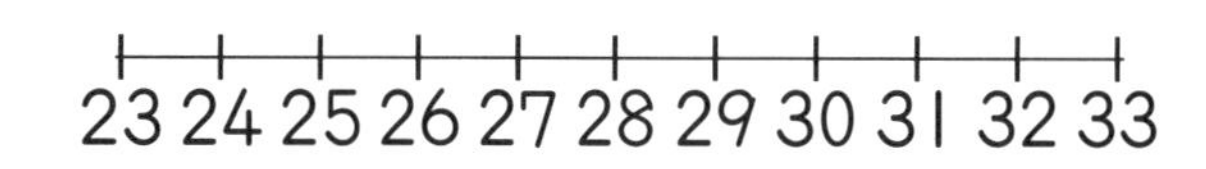

09 14 이상 17 이하인 수

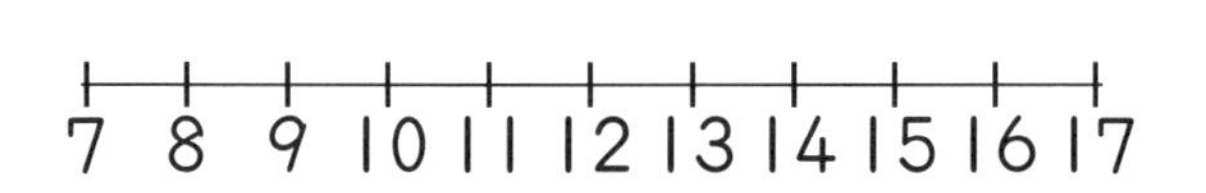

10 32 이상 41 이하인 수

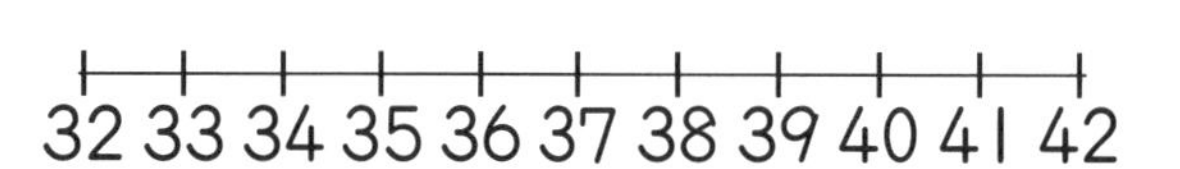

이상과 이하 연습

02 B 가장 작은 수와 가장 큰 수를 먼저 찾아요

주어진 수를 모두 포함하는 가장 좁은 자연수의 범위를 쓰세요.

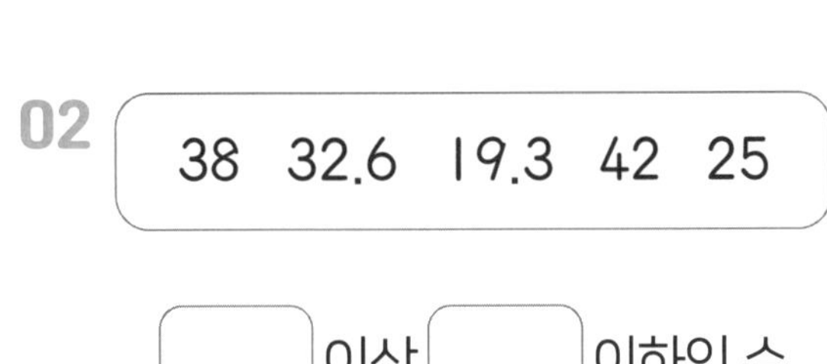

01 6 13 21.6 7.1 5.8

☐ 이상 ☐ 이하인 수

02 38 32.6 19.3 42 25

☐ 이상 ☐ 이하인 수

03 28.6 25 43.4 22 19

☐ 이상 ☐ 이하인 수

04 42.3 40 37.7 24.8 31

☐ 이상 ☐ 이하인 수

05 12 27 3.4 16.7 25

☐ 이상 ☐ 이하인 수

06 47 26.9 43 54.3 62

☐ 이상 ☐ 이하인 수

07 32 23 33.8 37 65.5

☐ 이상 ☐ 이하인 수

08 52.3 8 71.4 5.6 42

☐ 이상 ☐ 이하인 수

09 58.1 73 63.9 79 52

☐ 이상 ☐ 이하인 수

10 29.6 17 49.7 40.8 34

☐ 이상 ☐ 이하인 수

11 37 16.4 20 45.4 24.4

☐ 이상 ☐ 이하인 수

이상과 이하를 사용하여 주어진 수를 모두 포함하는 가장 좁은 자연수의 범위를 수직선에 나타내세요.

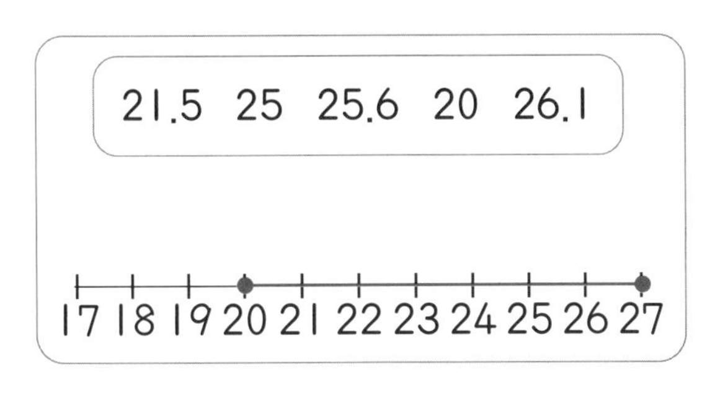

01

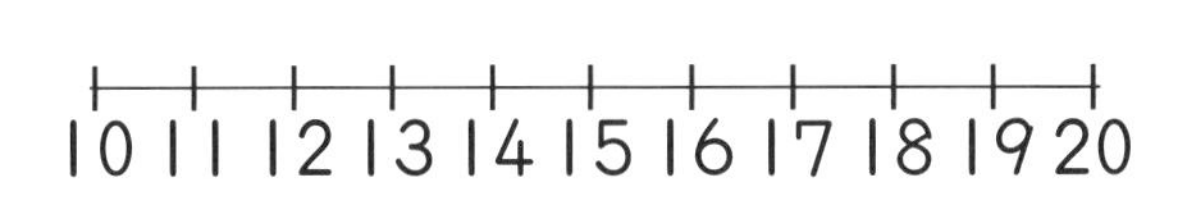

02

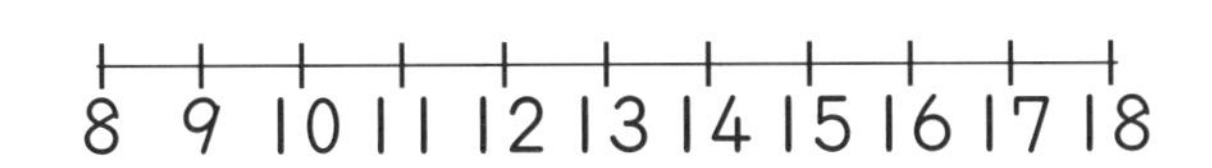

03

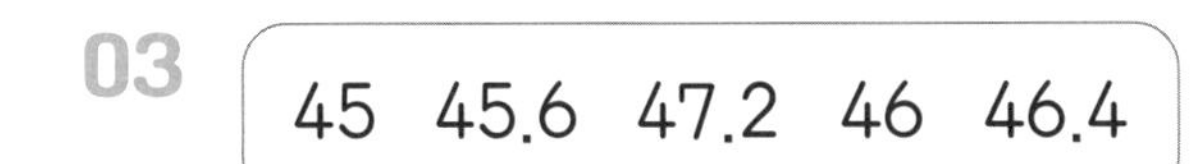

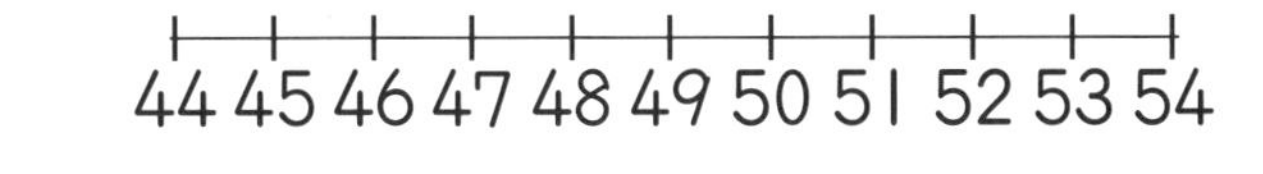

04

19 18.8 21.6 22 20

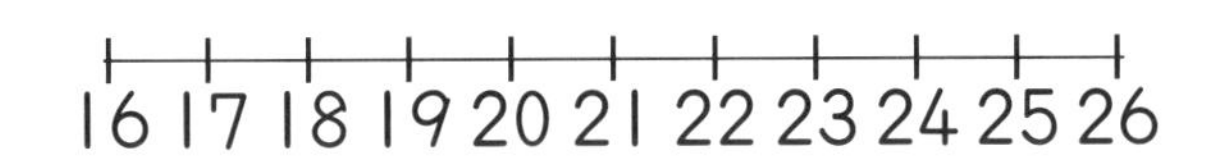

05

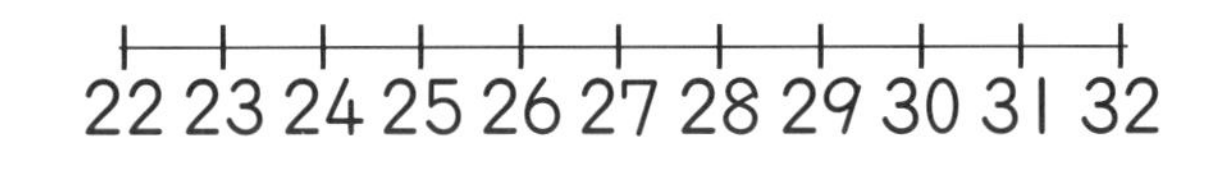

06

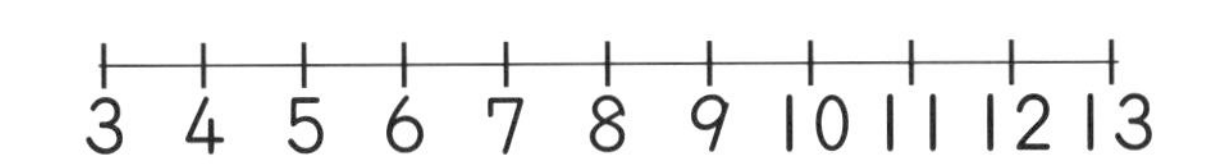

07

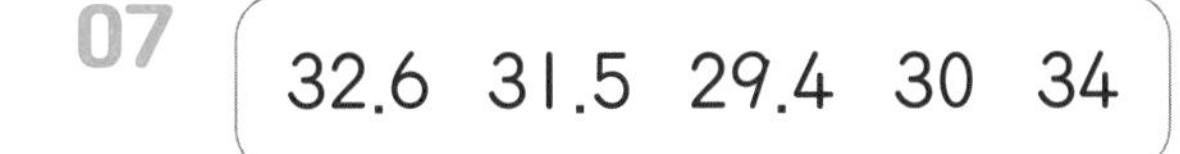

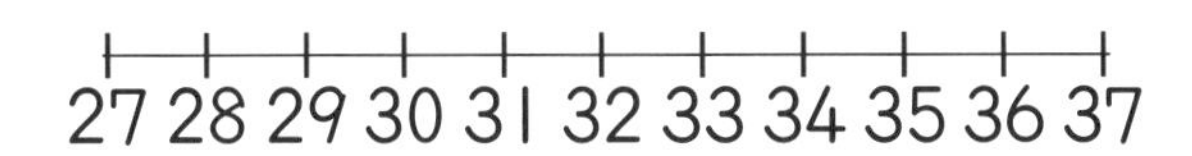

08

29.5 28.4 27 29 25.1

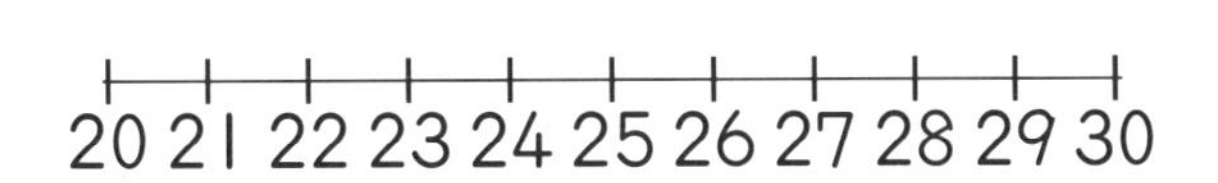

09

40.4 44 46.2 45 42.8

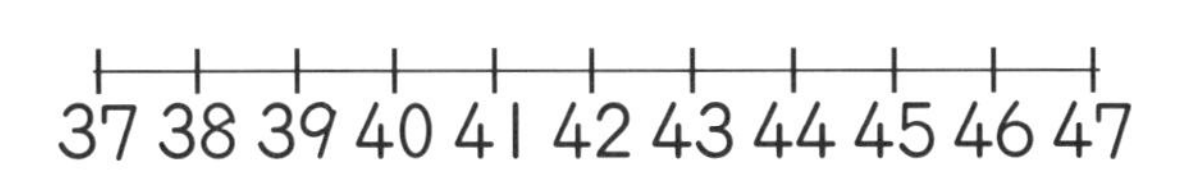

초과와 미만

03 Ⓐ 10 초과인 수와 10 미만인 수는 10을 포함하지 않아요

어떤 수보다 크기가 큰 수를 어떤 수 초과인 수라고 합니다.

10 초과인 수 → 10.5, 11, 11.1, 13, 14, …

다음 수의 초과인 수에 모두 ○표 하세요.

01 | 73 | 72.9 68 73 73.1 89

02 | 38 | 43 38.6 51.2 25 36

03 | 79 | 92 72.4 79 82.5 68

04 | 61 | 57 71.4 61 58 66.2

어떤 수보다 크기가 작은 수를 어떤 수 미만인 수라고 합니다.

10 미만인 수 → 9.9, 9, 8, 7, …

다음 수의 미만인 수에 모두 ○표 하세요.

05 | 10 | 10 3 4.1 0.2 10.1

06 | 30 | 46.3 29.8 30 24 42

07 | 63 | 61 63.1 78.2 56 77

08 | 22 | 18.6 25 21 22 18.9

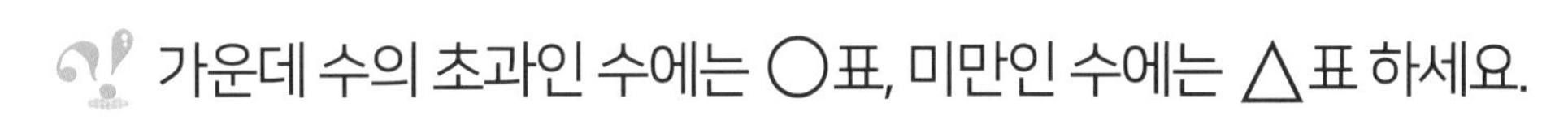

가운데 수의 초과인 수에는 ○표, 미만인 수에는 △표 하세요.

아무 표시가 없는 수도 생기는군.

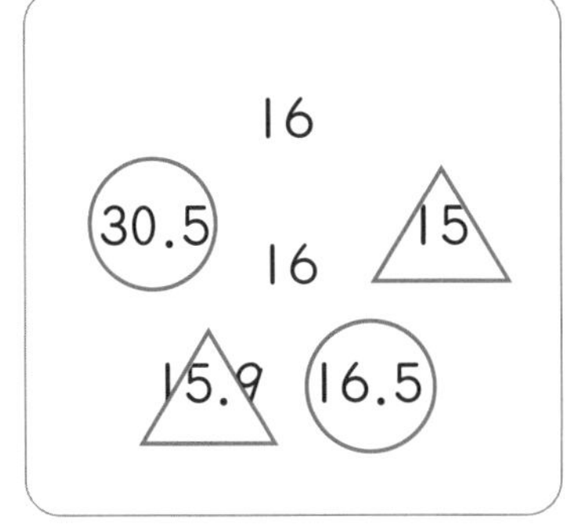

01

53.5
29.9 30 30
32 30.1

02

19.4
32.4 28 26
28 25.7

03

33.6
40 31 31
38.5 29

04

58.1
53.4 53 66
52.9 71

05

11
10.4 9 13
9 7.7

06

26
10 11 11.2
4 21.5

07

80.4
79.6 81 88
64 81

08

18.5
20 20 8
20.6 26

09

45.3
32 45 37.6
49.7 46

초과와 미만

03 B 기준이 되는 수에 ○표 해요

어떤 수 초과 또는 미만에 속하는 수의 범위를 수직선에 나타낼 수 있습니다. 기준이 되는 수에 ○표 하고 초과는 수가 커지는 오른쪽으로, 미만은 수가 작아지는 왼쪽으로 뻗게 그려 나타냅니다.

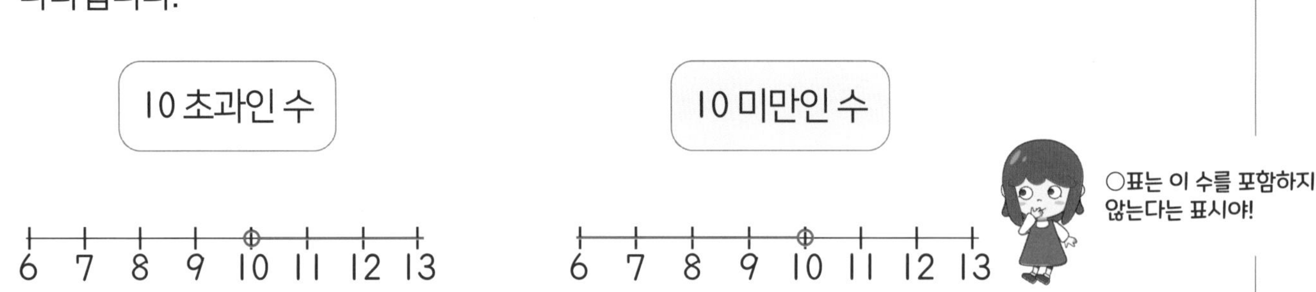

수직선을 보고 수의 범위를 빈칸에 알맞게 써넣으세요.

공부한 날 : 월 일

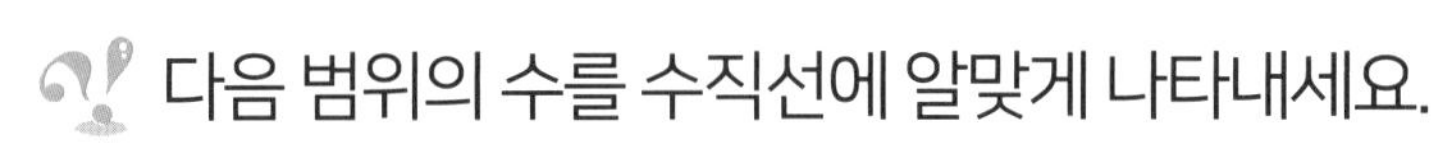

선을 수직선 끝까지 그려야
한다는 거 알고 있지?

01 13 초과인 수

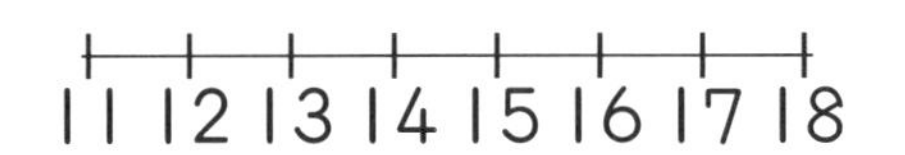

02 17 미만인 수

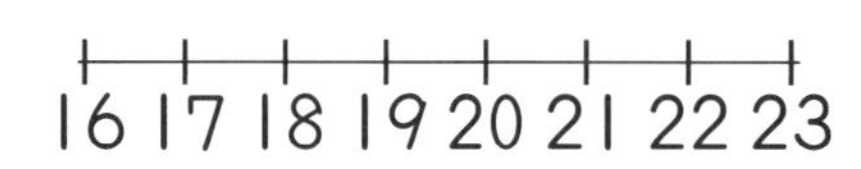

03 30 초과인 수

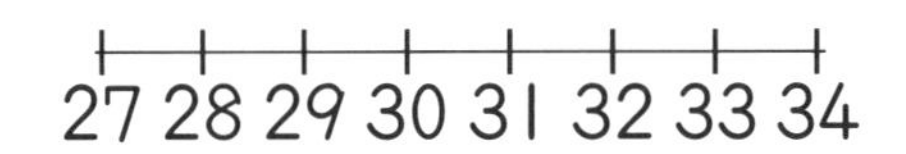

04 40 미만인 수

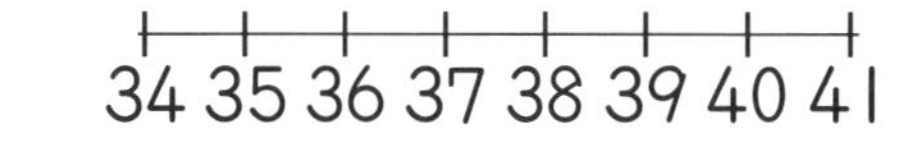

05 26 초과인 수

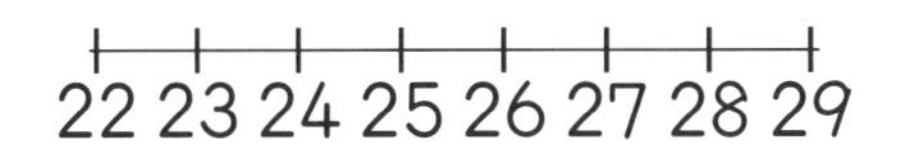

06 58 미만인 수

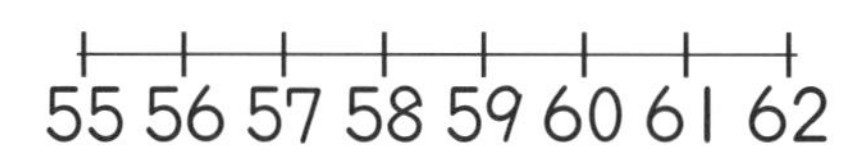

07 40 초과인 수

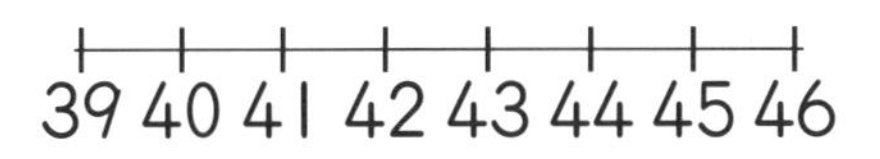

08 47 미만인 수

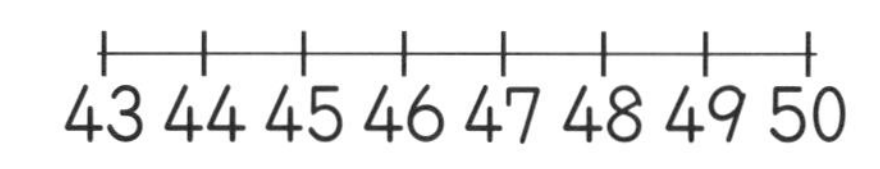

09 75 초과인 수

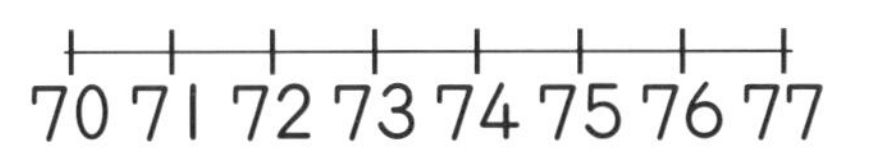

10 8 미만인 수

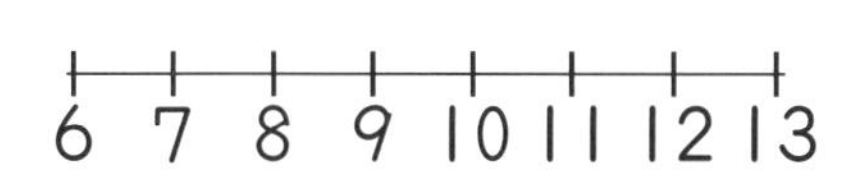

초과와 미만 연습

04 A 어떤 수의 초과와 미만은 어떤 수를 포함하지 않아요

□ 초과 △ 미만인 수로 두 수의 범위를 동시에 나타낼 수 있습니다. 수직선에 나타낼 때에는 기준이 되는 두 수를 찾아 ○표를 하고 두 수를 이어줍니다.

8 초과 12 미만인 수

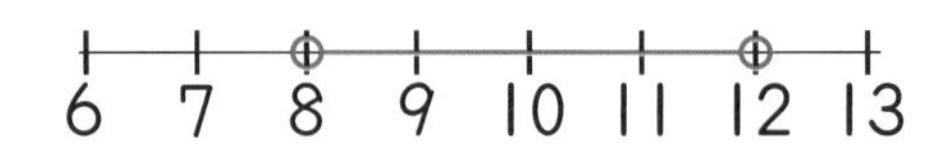

다음 범위 안에 속한 수에 모두 ○표 하세요.

01 9 초과 18 미만인 수

9.9　9　5　17.9　30　18

02 22 초과 26미만인 수

22.6　22　17　26　24.5　28

03 14 초과 28 미만인 수

14　24.7　19　24　18.8　28

04 20 초과 30 미만인 수

21　20.9　30.4　30　16　27

05 34 초과 36 미만인 수

35　36.3　34　38　26　35.5

06 42 초과 49 미만인 수

29.8　43　42　47.6　50　49

수의 범위를 수직선에 나타내세요.

01

22 초과 26 미만인 수

20 21 22 23 24 25 26 27 28 29 30

02

10 초과 16 미만인 수

8 9 10 11 12 13 14 15 16 17 18

03

42 초과 48 미만인 수

41 42 43 44 45 46 47 48 49 50 51

04

37 초과 40 미만인 수

33 34 35 36 37 38 39 40 41 42 43

05

21 초과 27 미만인 수

17 18 19 20 21 22 23 24 25 26 27

06

50 초과 58 미만인 수

49 50 51 52 53 54 55 56 57 58 59

07

29 초과 33 미만인 수

27 28 29 30 31 32 33 34 35 36 37

08

58 초과 65 미만인 수

58 59 60 61 62 63 64 65 66 67 68

09

78 초과 83 미만인 수

74 75 76 77 78 79 80 81 82 83 84

10

64 초과 70 미만인 수

62 63 64 65 66 67 68 69 70 71 72

04 B 초과와 미만 연습

먼저 가장 작은 수와 가장 큰 수를 찾아요

주어진 수를 모두 포함하는 가장 좁은 자연수의 범위를 쓰세요.

51.2 68 43.9 70 80.6

[43] 초과 [81] 미만인 수

01 15 33 70.7 14.6 68

[ ] 초과 [ ] 미만인 수

02 64.4 58.3 79 62.7 88

[ ] 초과 [ ] 미만인 수

03 39.4 55.6 34 47.8 52

[ ] 초과 [ ] 미만인 수

04 26 15.4 37.2 11 30.5

[ ] 초과 [ ] 미만인 수

05 51.6 44.1 55 45.1 70

[ ] 초과 [ ] 미만인 수

06 29 62 49.7 34.8 68.2

[ ] 초과 [ ] 미만인 수

07 76.8 27.6 72 62 35.4

[ ] 초과 [ ] 미만인 수

08 61.8 44 43.3 47.6 76

[ ] 초과 [ ] 미만인 수

09 50 43 70.2 25.4 58.9

[ ] 초과 [ ] 미만인 수

10 61.9 54 57.2 77 73.8

[ ] 초과 [ ] 미만인 수

11 62.4 55 73.7 82 85.9

[ ] 초과 [ ] 미만인 수

초과와 미만을 사용하여 주어진 수를 모두 포함하는 가장 좁은 자연수의 범위를 수직선에 나타내세요.

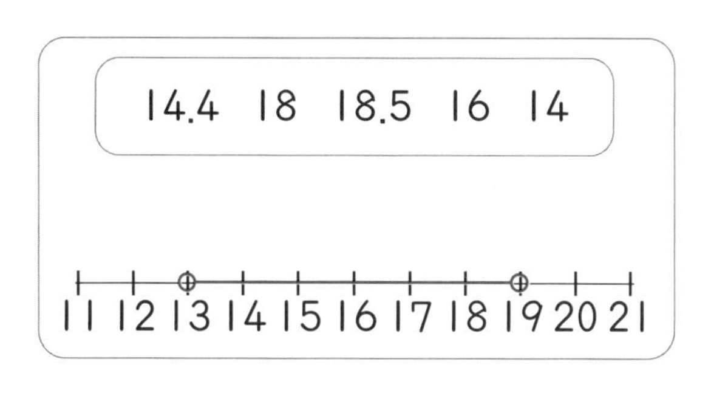

01

32.1 30 28.9 33 31

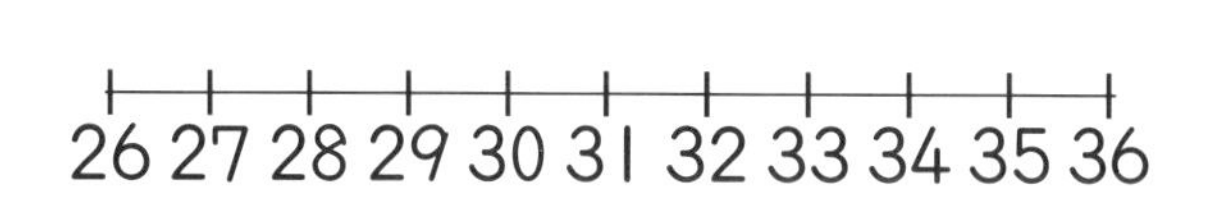

02

47.6 48 52.3 52 49

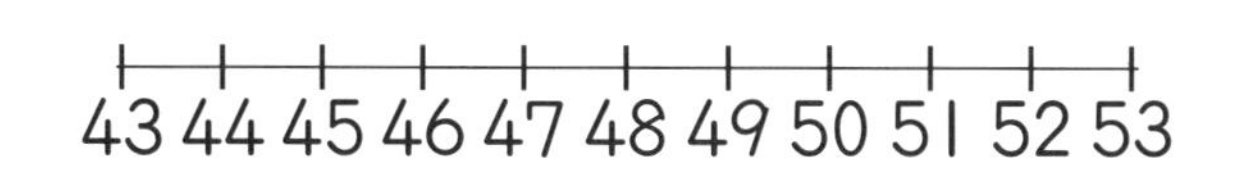

03

42.6 44.4 45 43 43.9

37 38 39 40 41 42 43 44 45 46 47

04

20 22.5 23.7 20.6 24

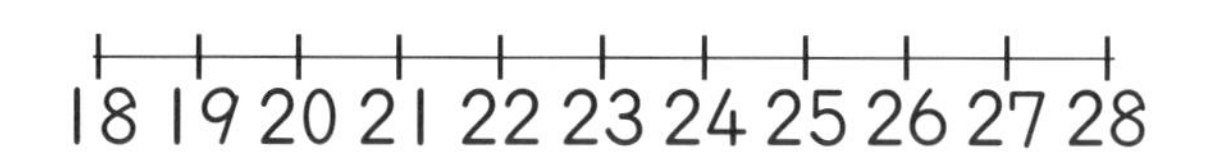

05

11 13.4 9 8.6 9.4

6 7 8 9 10 11 12 13 14 15 16

06

34.9 33 30 32.2 31.7

25 26 27 28 29 30 31 32 33 34 35

07

57 59.4 60.2 58 60

53 54 55 56 57 58 59 60 61 62 63

08

61.7 63 67.4 68 62.4

59 60 61 62 63 64 65 66 67 68 69

09

35.3 33 37.1 36.4 32

30 31 32 33 34 35 36 37 38 39 40

이상, 이하, 초과, 미만 연습

05 A 이상과 이하는 ●표, 초과와 미만은 ○표

이상, 이하, 초과, 미만을 사용하여 수의 범위를 나타낼 수 있습니다. 수직선에 표시할 때는 기준이 되는 두 수를 찾아 ●표 또는 ○표를 하고 두 수를 이어줍니다.

11 이상 15 미만인 수

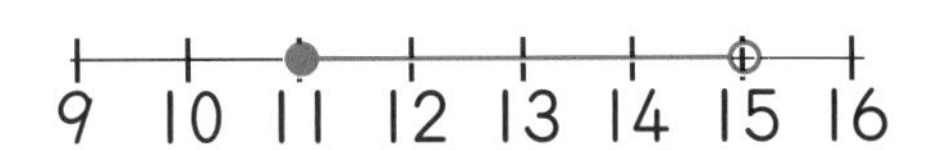

11 초과 15 이하인 수

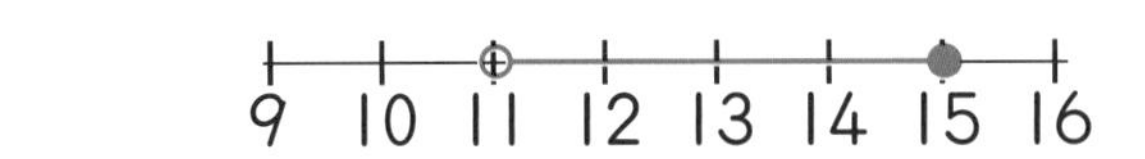

다음 범위 안에 속한 수에 모두 ○표 하세요.

01 61 초과 78 이하인 수

61　60.8　69.3　74　60　78

02 14 이상 41 미만인 수

41　16.8　46.5　14　12　37

03 35 초과 46 미만인 수

35　47　43.5　36　46.3　39

04 21 이상 37 이하인 수

20.6　37　21.8　40　46　28

05 45 이상 68 미만인 수

53　45　66.4　68　36　73.2

06 9 초과 30 이하인 수

8.4　9　9.7　17　30.6　33

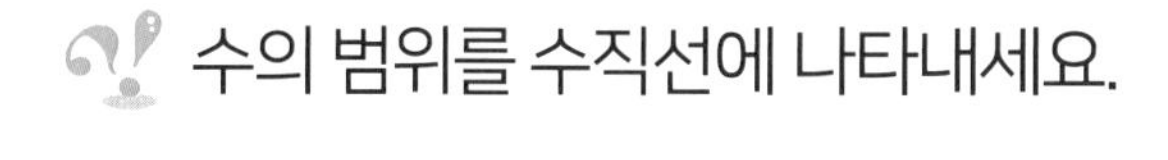

01 10 초과 15 이하인 수

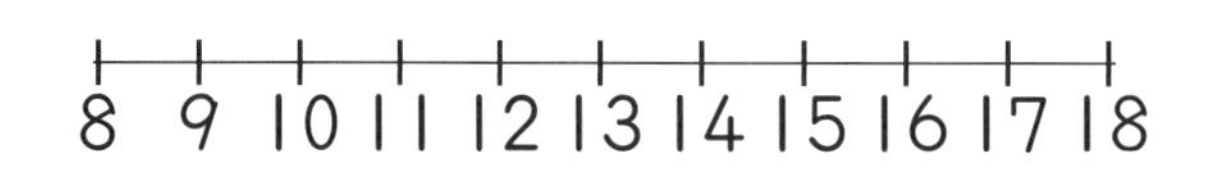

02 52 이상 59 미만인 수

51 52 53 54 55 56 57 58 59 60 61

03 50 초과 57 미만인 수

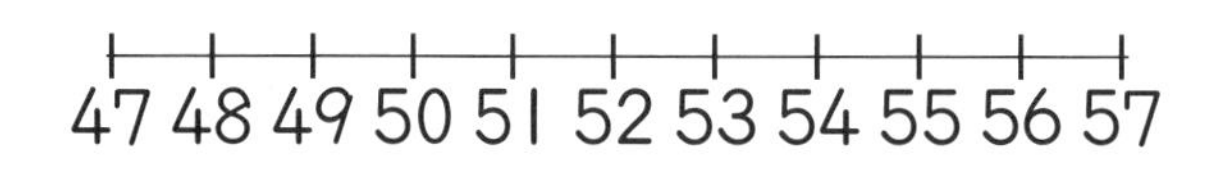

04 85 이상 87 이하인 수

79 80 81 82 83 84 85 86 87 88 89

05 62 이상 68 미만인 수

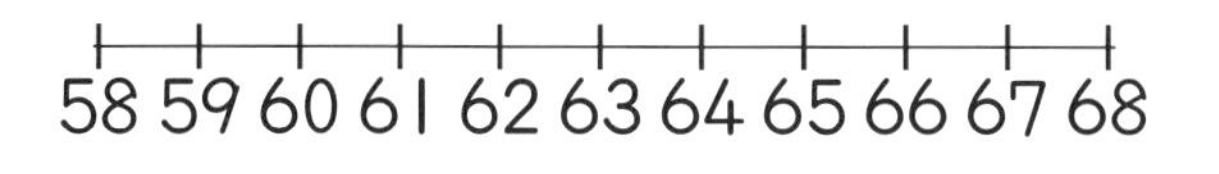

06 40 초과 45 이하인 수

38 39 40 41 42 43 44 45 46 47 48

07 23 초과 30 미만인 수

22 23 24 25 26 27 28 29 30 31 32

08 34 이상 40 이하인 수

30 31 32 33 34 35 36 37 38 39 40

09 65 이상 69 미만인 수

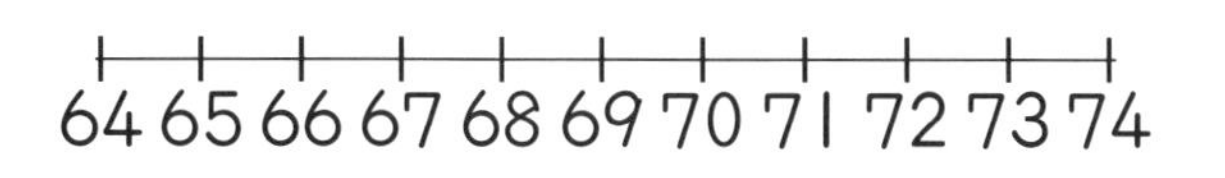

10 13 초과 18 이하인 수

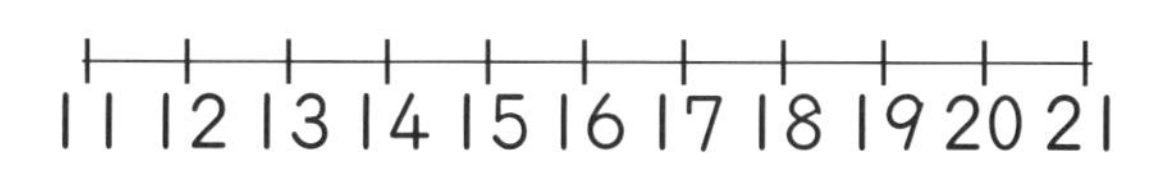

이상, 이하, 초과, 미만 연습

05 B 수의 범위는 일상에서 다양하게 쓰이고 있어요

다음 학업 성취도 평가 기준을 보고 과목별 성취도를 매기세요.

[학업 성취도 평가 기준]

A : 94점 초과

B : 85.5점 초과 94점 이하

C : 63점 초과 85.5점 이하

D : 63점 이하

01 국어 : 80.8점 → C
수학 : 86점 → ☐
영어 : 70점 → ☐
과학 : 60.5점 → ☐

02 국어 : 74.6점 → ☐
수학 : 99.2점 → ☐
영어 : 85.5점 → ☐
과학 : 64.7점 → ☐

03 국어 : 60.8점 → ☐
수학 : 63점 → ☐
영어 : 64.6점 → ☐
과학 : 95.7점 → ☐

04 국어 : 82.4점 → ☐
수학 : 83.2점 → ☐
영어 : 95.7점 → ☐
과학 : 77점 → ☐

05 국어 : 86.7점 → ☐
수학 : 94점 → ☐
영어 : 88.2점 → ☐
과학 : 59.4점 → ☐

06 국어 : 69.2점 → ☐
수학 : 59.4점 → ☐
영어 : 96.8점 → ☐
과학 : 86점 → ☐

07 국어 : 63.6점 → ☐
수학 : 88.2점 → ☐
영어 : 75점 → ☐
과학 : 55.7점 → ☐

초과와 미만을 사용하여 주어진 수를 모두 포함하는 가장 좁은 자연수의 범위를 수직선에 나타내세요.

25.5 18.6 17 18 20

16 17 18 19 20 21 22 23 24 25 26

주의해! 초과와 미만은 어떤 수를 포함하지 않아!

01 60 65 66.7 66 59

57 58 59 60 61 62 63 64 65 66 67

02 46 40.5 44 43.4 41.8

37 38 39 40 41 42 43 44 45 46 47

03 10.4 16 14.5 12 13.4

9 10 11 12 13 14 15 16 17 18 19

04 65 68.8 70 66.7 65.9

62 63 64 65 66 67 68 69 70 71 72

05 21.9 22.6 24 27 26.4

18 19 20 21 22 23 24 25 26 27 28

06 24.6 25 26.5 29 28.5

23 24 25 26 27 28 29 30 31 32 33

07 39.5 35.3 34 40.6 39

32 33 34 35 36 37 38 39 40 41 42

08 46.2 45.2 52 44.2 50

44 45 46 47 48 49 50 51 52 53 54

09 54 58.5 56 55.3 53.4

50 51 52 53 54 55 56 57 58 59 60

올림

A 올림에는 받아올림이 생길 수 있으니 주의해요

나타내려는 자리의 아래 수를 올려 간단한 수로 나타내는 방법을 올림이라고 합니다.
다음은 1543을 올림하여 백의 자리까지 나타내는 방법입니다.

① 어느 자리까지 나타내야 하는지 먼저 확인합니다.
② 백의 자리까지 나타내야 하므로 그 아래 수인 43을 100으로 올려 생각합니다.
③ 백의 자리 수 5에 1을 더해줍니다.

43을 100으로 올림

1543 → 1600

만약에 1953이었다면 53을 100으로 올린 게
받아올림 되어 2000이 됐겠다!

53을 100으로 올림

1953 → 2000

900+100=1000

수를 올림하여 주어진 자리까지 나타내세요.

올림하려는 자리 아래에
1만 있어도 무조건 올려야 해!

수	백의 자리
1001	1100

01

수	백의 자리
1651	
	십의 자리

02

수	천의 자리
2782	
	백의 자리

03

수	백의 자리
985	
	십의 자리

04

수	백의 자리
4492	
	십의 자리

05

수	천의 자리
2065	
	백의 자리

06

수	천의 자리
3204	
	십의 자리

수를 올림하여 주어진 자리까지 나타내세요.

1650원인 물건을 살 때 주머니에 천 원짜리 밖에 없다면 우린 2000원을 내겠지? 이처럼 올림은 일상에서 자연스럽게 쓰이고 있어!

01

수	백의 자리
3658	
	십의 자리

02

수	천의 자리
1880	
	백의 자리

03

수	백의 자리
851	
	십의 자리

04

수	백의 자리
683	
	십의 자리

05

수	천의 자리
5275	
	십의 자리

06

수	백의 자리
4673	
	십의 자리

07

수	백의 자리
28028	
	십의 자리

08

수	천의 자리
63190	
	백의 자리

09

수	만의 자리
22535	
	천의 자리

10

수	천의 자리
71102	
	십의 자리

올림

06 B 어느 자리까지 나타내야 하는지 확인해서 표시해 둬요

다음은 0.128을 올림하여 소수 둘째 자리까지 나타내는 방법입니다.

① 어느 자리까지 나타내야 하는지 먼저 확인합니다.
② 소수 둘째 자리까지 나타내야 하므로 그 아래 수인 0.008을 0.01로 올려 생각합니다.
③ 소수 둘째 자리 수 2에 1을 더해줍니다.

0.008을 0.01로 올림

0.128 → 0.13

만약에 0.198이었다면 0.008을 0.01로 올린 게 받아올림 되어 0.2가 되었겠다!

0.008을 0.01로 올림

0.198 → 0.20

0.09+0.01=0.1

수를 올림하여 주어진 자리까지 나타내세요.

소수도 마찬가지야!
올림하려는 자리 아래에
1만 있어도 무조건 올려야 해!

01

수	일의 자리
9.386	
	소수 첫째 자리

02

수	일의 자리
4.65	
	소수 첫째 자리

03

수	소수 첫째 자리
8.294	
	소수 둘째 자리

04

수	소수 첫째 자리
6.061	
	소수 둘째 자리

05

수	일의 자리
3.181	
	소수 첫째 자리

06

수	일의 자리
2.704	
	소수 첫째 자리

수를 올림하여 주어진 자리까지 나타내세요.

01

수	일의 자리
1.891	
	소수 첫째 자리

02

수	일의 자리
5.853	
	소수 첫째 자리

03

수	소수 첫째 자리
4.165	
	소수 둘째 자리

04

수	소수 첫째 자리
2.447	
	소수 둘째 자리

05

수	일의 자리
1.282	
	소수 둘째 자리

06

수	일의 자리
6.314	
	소수 둘째 자리

07

수	소수 첫째 자리
0.3159	
	소수 셋째 자리

08

수	소수 첫째 자리
8.0336	
	소수 셋째 자리

09

수	소수 둘째 자리
3.3852	
	소수 셋째 자리

10

수	소수 둘째 자리
4.4065	
	소수 셋째 자리

버림

07 A 나타내야 하는 자리 아래를 모두 0으로 채워요

나타내야 하는 자리의 아래 수를 버려 간단한 수로 나타내는 방법을 버림이라고 합니다.
다음은 1543을 버림하여 백의 자리까지 나타내는 방법입니다.

① 어느 자리까지 나타내야 하는지 먼저 확인합니다.
② 백의 자리까지 나타내야 하므로 그 아래 수인 43을 버립니다.
③ 백의 자리 아래를 0으로 채웁니다.

수를 버림하여 주어진 자리까지 나타내세요.

버림하려는 자리 아래에
1만 있어도 무조건 버려야 해!

수	백의 자리
1101	1100

01

수	백의 자리
567	
	십의 자리

02

수	백의 자리
2662	
	십의 자리

03

수	천의 자리
3465	
	백의 자리

04

수	천의 자리
6479	
	백의 자리

05

수	천의 자리
5804	
	십의 자리

06

수	천의 자리
1952	
	십의 자리

수를 버림하여 주어진 자리까지 나타내세요.

동전을 41610원 모았다면 지폐로 바꿀 수 있는 돈은 41000원뿐이야. 버림도 일상에서 다양하게 쓰이고 있어.

01

수	천의 자리
8948	
	십의 자리

02

수	백의 자리
7720	
	십의 자리

03

수	천의 자리
5072	
	십의 자리

04

수	백의 자리
5943	
	십의 자리

05

수	천의 자리
92656	
	백의 자리

06

수	천의 자리
53417	
	십의 자리

07

수	만의 자리
14812	
	백의 자리

08

수	만의 자리
81958	
	천의 자리

09

수	천의 자리
20373	
	백의 자리

10

수	천의 자리
64530	
	십의 자리

07 버림
B 나타내야 하는 자리까지만 표시해요

다음은 0.128을 버림하여 소수 둘째 자리까지 나타내는 방법입니다.

① 어느 자리까지 나타내야 하는지 먼저 확인합니다.
② 소수 둘째 자리까지 나타내야 하므로 그 아래 수인 0.008을 버립니다.
③ 소수 둘째 자리 아래를 나타내지 않습니다.

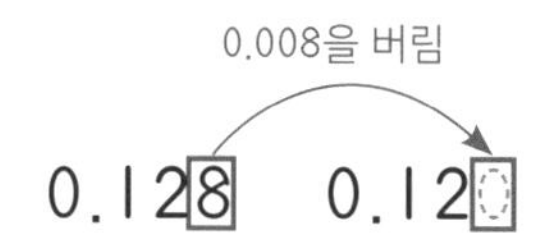

수를 버림하여 주어진 자리까지 나타내세요.

01

수	소수 첫째 자리
0.2138	소수 둘째 자리

02

수	소수 첫째 자리
2.145	소수 둘째 자리

03

수	소수 첫째 자리
3.2152	소수 셋째 자리

04

수	소수 첫째 자리
8.1128	소수 셋째 자리

05

수	소수 둘째 자리
7.2481	소수 셋째 자리

06

수	일의 자리
6.1735	소수 둘째 자리

수를 버림하여 주어진 자리까지 나타내세요.

01

수	소수 첫째 자리
9.022	
	소수 둘째 자리

02

수	소수 둘째 자리
8.7901	
	소수 셋째 자리

03

수	소수 첫째 자리
5.478	
	소수 둘째 자리

04

수	소수 둘째 자리
0.7247	
	소수 셋째 자리

05

수	일의 자리
7.561	
	소수 둘째 자리

06

수	일의 자리
1.6356	
	소수 첫째 자리

07

수	소수 첫째 자리
2.364	
	소수 둘째 자리

08

수	소수 첫째 자리
4.7594	
	소수 셋째 자리

09

수	소수 첫째 자리
3.735	
	소수 둘째 자리

10

수	소수 첫째 자리
6.3405	
	소수 셋째 자리

반올림

08 A 바로 아래 자리 숫자가 중요해요

나타내야 하는 자리의 바로 아래 자리 숫자에 따라 버리거나 올려 간단한 수로 나타내는 방법을 반올림이라고 합니다. 다음은 1543을 반올림하여 백의 자리까지 나타내는 방법입니다.

① 어느 자리까지 나타내야 하는지 먼저 확인합니다.
② 백의 자리까지 나타내야 하므로 바로 아래 자리인 십의 자리 숫자를 확인합니다.
③ 확인한 숫자가 0~4이면 백의 자리 아래 수를 버림하고, 5~9이면 백의 자리 아래 수를 올림합니다.

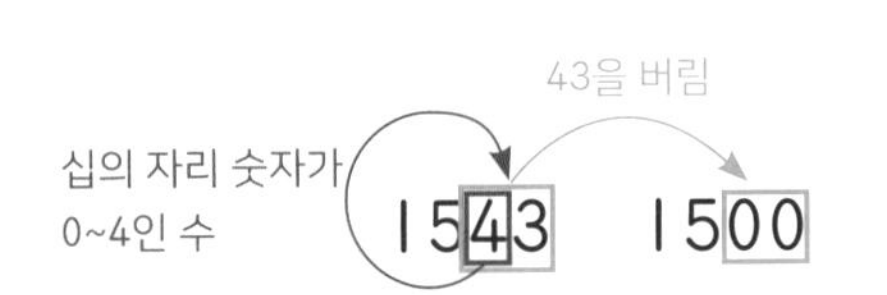

만약에 1553이었다면 십의 자리 숫자가 5니까 53을 100으로 올려서 1600이 되었겠다!

53을 100으로 올림
십의 자리 숫자가 5~9 인 수
1553 1600

수를 반올림하여 주어진 자리까지 나타내세요.

우리나라 인구는 51558034명이지만 반올림해서 백만의 자리까지 나타내면 5200만 명으로 비교적 정확하고 간단하게 이야기할 수 있어!

01

수	천의 자리
7503	
	백의 자리

02

수	천의 자리
22617	
	백의 자리

03

수	천의 자리
4437	
	십의 자리

04

수	천의 자리
10913	
	십의 자리

05

수	백의 자리
6712	
	십의 자리

06

수	만의 자리
407112	
	천의 자리

1 PART

수를 반올림하여 주어진 자리까지 나타내세요.

01

수	천의 자리
15982	
	백의 자리

02

수	백의 자리
6578	
	십의 자리

03

수	천의 자리
62257	
	백의 자리

04

수	백의 자리
3169	
	십의 자리

05

수	천의 자리
10873	
	십의 자리

06

수	백의 자리
9004	
	십의 자리

07

수	천의 자리
55859	
	백의 자리

08

수	만의 자리
42380	
	십의 자리

09

수	천의 자리
38409	
	십의 자리

10

수	만의 자리
60051	
	백의 자리

08 반올림

B 0~4는 버림, 5~9는 올림!

다음은 0.128을 반올림하여 소수 둘째 자리까지 나타내는 방법입니다.

① 어느 자리까지 나타내야 하는지 먼저 확인합니다.
② 소수 둘째 자리까지 나타내야 하므로 바로 아래 자리인 소수 셋째 자리 숫자를 확인합니다.
③ 소수 셋째 자리 숫자가 8이므로 0.008을 0.01로 올려 생각합니다.
④ 소수 둘째 자리 수 2에 1을 더해줍니다.

0.008을 0.01로 올림
소수 셋째 자리 숫자가 5~9인 수 0.128 → 0.13

만약에 0.124였다면 0.004를 버려 0.12가 되었겠다!

0.004를 버림
소수 셋째 자리 숫자가 0~4인 수 0.124 → 0.120

수를 반올림하여 주어진 자리까지 나타내세요.

01

수	일의 자리
2.3012	
	소수 첫째 자리

02

수	소수 첫째 자리
4.7781	
	소수 셋째 자리

03

수	소수 첫째 자리
5.6472	
	소수 둘째 자리

04

수	소수 첫째 자리
1.5028	
	소수 셋째 자리

05

수	소수 첫째 자리
8.0675	
	소수 둘째 자리

06

수	소수 둘째 자리
3.2871	
	소수 셋째 자리

수를 반올림하여 주어진 자리까지 나타내세요.

01

수	소수 첫째 자리
1.482	
	소수 둘째 자리

02

수	소수 첫째 자리
2.604	
	소수 둘째 자리

03

수	소수 첫째 자리
9.742	
	소수 둘째 자리

04

수	일의 자리
3.291	
	소수 둘째 자리

05

수	일의 자리
3.3407	
	소수 첫째 자리

06

수	소수 첫째 자리
1.5226	
	소수 셋째 자리

07

수	소수 첫째 자리
6.0492	
	소수 둘째 자리

08

수	일의 자리
7.6325	
	소수 둘째 자리

09

수	소수 첫째 자리
4.9501	
	소수 셋째 자리

10

수	일의 자리
5.1436	
	소수 셋째 자리

09 A 올림, 버림, 반올림 연습 1

조건에 유의해요

수를 주어진 자리까지 나타내었을 때 수의 크기를 비교하여 ○ 안에 >, =, <를 써넣으세요.

01 3460 올림 십의 자리 ○ 3413 올림 백의 자리

02

03 2018 버림 백의 자리 ○ 1966 올림 천의 자리

04

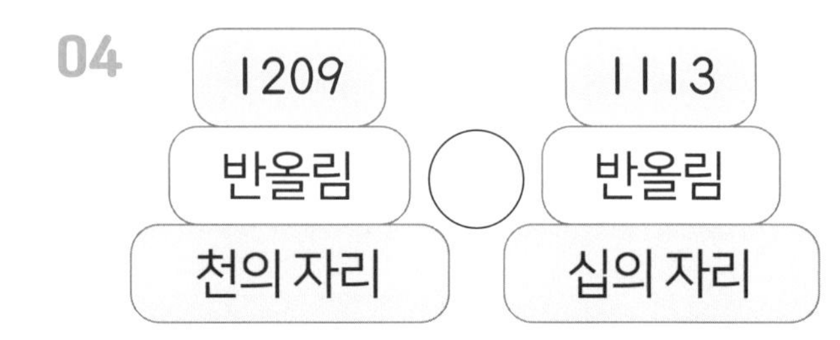

05 79865 버림 천의 자리 ○ 79407 버림 백의 자리

06 86429 반올림 천의 자리 ○ 86440 올림 백의 자리

07 0.634 올림 소수 첫째 자리 ○ 0.694 반올림 소수 둘째 자리

08

09 0.8654 반올림 소수 첫째 자리 ○ 0.9058 올림 소수 둘째 자리

10 3.2472 버림 소수 둘째 자리 ○ 3.2035 반올림 소수 첫째 자리

수를 주어진 자리까지 나타내었을 때 수의 크기를 비교하여 ○ 안에 >, =, <를 써넣으세요.

번호	수	방법	자리		수	방법	자리
01	4706	올림	십의 자리	○	4785	버림	백의 자리
02	7390	버림	천의 자리	○	6947	올림	천의 자리
03	2976	반올림	천의 자리	○	3157	반올림	천의 자리
04	1532	반올림	백의 자리	○	1487	버림	십의 자리
05	42769	반올림	백의 자리	○	42814	올림	백의 자리
06	23538	반올림	천의 자리	○	24029	반올림	만의 자리
07	1.284	올림	소수 첫째 자리	○	1.275	버림	소수 둘째 자리
08	0.404	반올림	소수 둘째 자리	○	0.483	버림	소수 첫째 자리
09	6.8401	반올림	소수 첫째 자리	○	6.8254	반올림	소수 둘째 자리
10	9.7035	버림	소수 둘째 자리	○	9.7147	반올림	소수 둘째 자리

올림, 버림, 반올림 연습 1

09 B 어림하고 난 수가 큰 힌트예요

아래 쓰여진 힌트를 보고 빈칸에 알맞은 수를 써넣으세요.

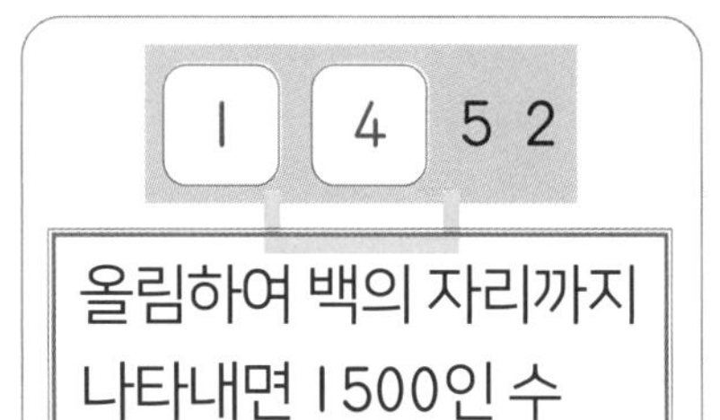

01

02

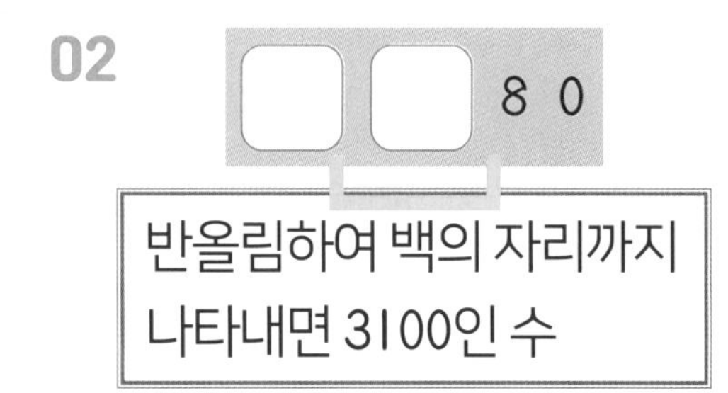

03

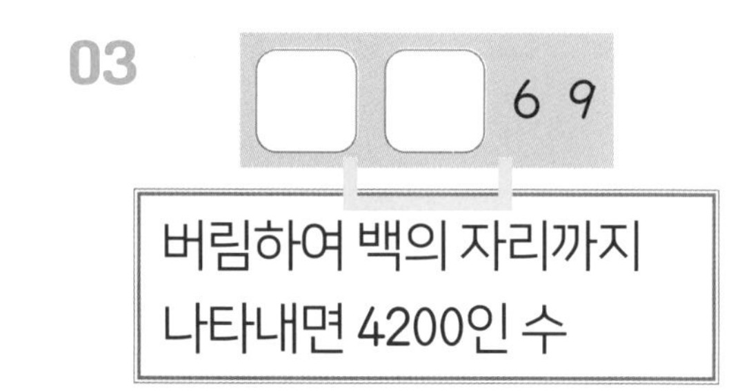

04

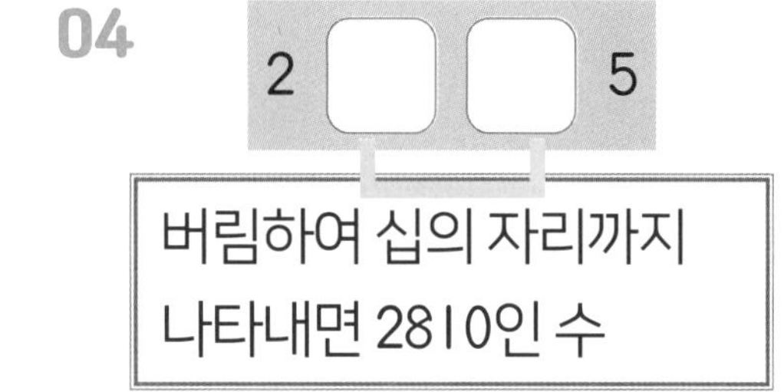

05

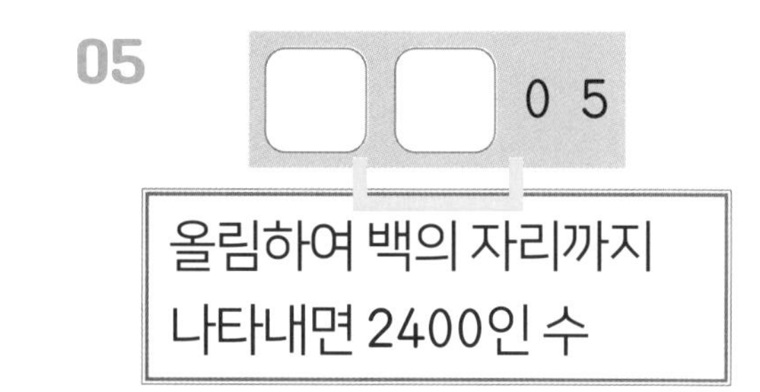

06

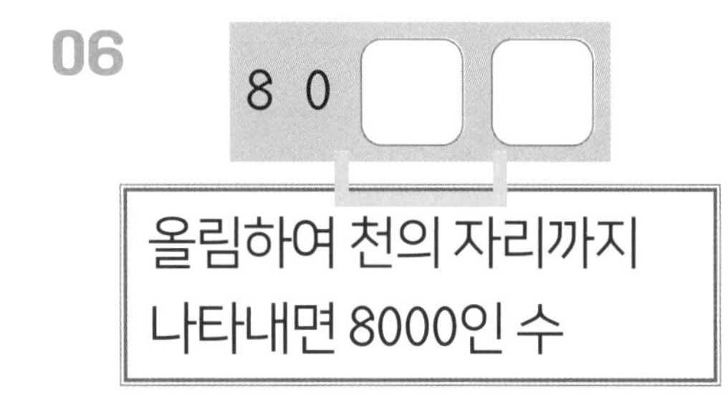

07

08

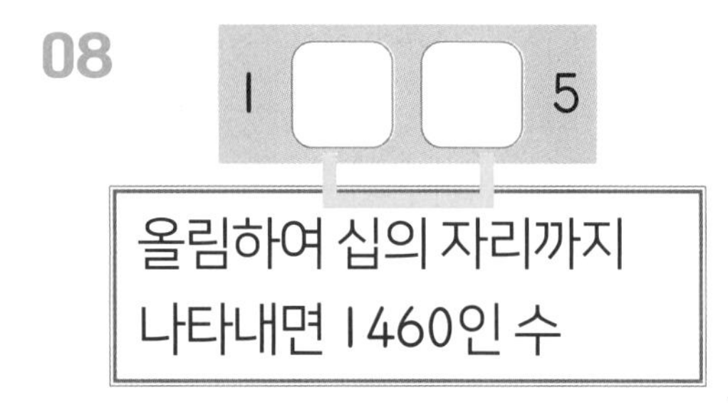

09

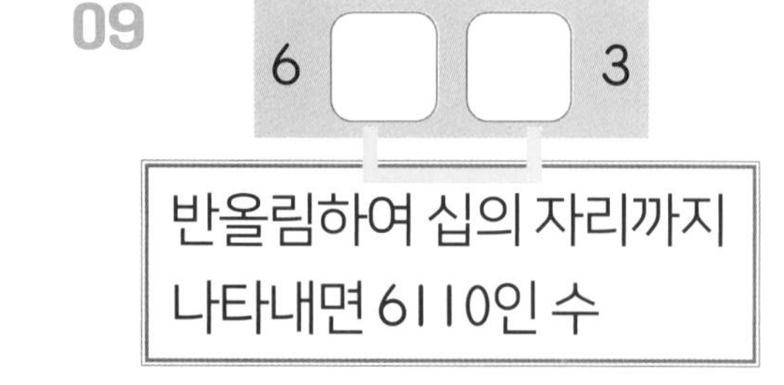

아래 쓰여진 힌트를 보고 빈칸에 알맞은 수를 써넣으세요.

01 3 □ □ 7

올림하여 십의 자리까지 나타내면 3030인 수

02 3 □ □ 5

반올림하여 십의 자리까지 나타내면 3710인 수

03 □ □ 6 1

버림하여 백의 자리까지 나타내면 3900인 수

04 □ □ 2 4

반올림하여 백의 자리까지 나타내면 2500인 수

05 9 □ □ 8

반올림하여 십의 자리까지 나타내면 9030인 수

06 □ □ 7 7

올림하여 백의 자리까지 나타내면 4000인 수

07 1 □ □ 2

올림하여 십의 자리까지 나타내면 1920인 수

08 □ □ 3 9

버림하여 백의 자리까지 나타내면 1500인 수

09 8 □ □ 6

버림하여 십의 자리까지 나타내면 8300인 수

10 6 □ □ 3

반올림하여 십의 자리까지 나타내면 6480인 수

올림, 버림, 반올림 연습 2

10 A 나타내야 하는 자리 뒤에 선을 그어 풀어 봐요

수를 올림, 버림, 반올림하여 주어진 자리까지 나타내세요.

선을 그어 생각해 봐!
천의 자리까지→ 1|2503
십의 자리까지→ 1250|3

01

올림	천의 자리
2503	
	십의 자리

02

버림	백의 자리
6056	
	십의 자리

03

올림	소수 첫째 자리
9.7473	
	소수 둘째 자리

04

버림	소수 첫째 자리
1.2334	
	소수 셋째 자리

05

올림	천의 자리
66814	
	백의 자리

06

버림	백의 자리
72605	
	십의 자리

07

반올림	천의 자리
7654	
	십의 자리

08

반올림	만의 자리
53580	
	백의 자리

09

반올림	소수 첫째 자리
2.401	
	소수 둘째 자리

10

반올림	소수 둘째 자리
4.9247	
	소수 셋째 자리

수를 올림, 버림, 반올림하여 주어진 자리까지 나타내세요.

01

올림	백의 자리
7059	
	십의 자리

02

버림	천의 자리
5943	
	백의 자리

03

올림	소수 첫째 자리
4.8643	
	소수 둘째 자리

04

버림	소수 둘째 자리
1.4934	
	소수 셋째 자리

05

올림	백의 자리
92357	
	십의 자리

06

버림	만의 자리
24275	
	백의 자리

07

반올림	천의 자리
4923	
	십의 자리

08

반올림	천의 자리
60069	
	백의 자리

09

반올림	일의 자리
6.224	
	소수 첫째 자리

10

반올림	소수 첫째 자리
2.2039	
	소수 셋째 자리

이런 문제를 다루어요

01 다음 범위 안에 있는 수에 모두 ○표 하세요.

10 초과 14 미만인 수

10.5　10　14　12.6　17

20 이상 28 이하인 수

24　12.8　28.5　26　20

02 수의 범위를 수직선에 나타내세요.

20 초과 27 이하인 수

20 21 22 23 24 25 26 27 28 29 30

16 이상 22 이하인 수

13 14 15 16 17 18 19 20 21 22 23

37 이상 41 미만인 수

33 34 35 36 37 38 39 40 41 42 43

48 초과 55 미만인 수

46 47 48 49 50 51 52 53 54 55 56

03 악력 평가 기준표를 보고 각 악력의 등급을 매기세요.

악력 평가 기준표	
등급	기준 (kg)
1등급	25 이상
2등급	21 이상 25 미만
3등급	18 이상 21 미만
4등급	14 이상 18 미만
5등급	14 미만

18 → □등급　28 → □등급

21.6 → □등급　23 → □등급

14 → □등급　24.9 → □등급

공부한 날 : 월 일

1 PART

04 올림, 반올림, 버림하여 주어진 자리까지 나타내세요.

<올림>

수	십의 자리	백의 자리	천의 자리
4258			

<반올림>

수	십의 자리	백의 자리	천의 자리
20041			

<반올림>

수	십의 자리	백의 자리	천의 자리
12507			

<버림>

수	십의 자리	백의 자리	천의 자리
3578			

05 다음은 어떤 수를 반올림하여 십의 자리까지 나타낸 수입니다. 어떤 수가 될 수 있는 수의 범위를 써넣으세요.

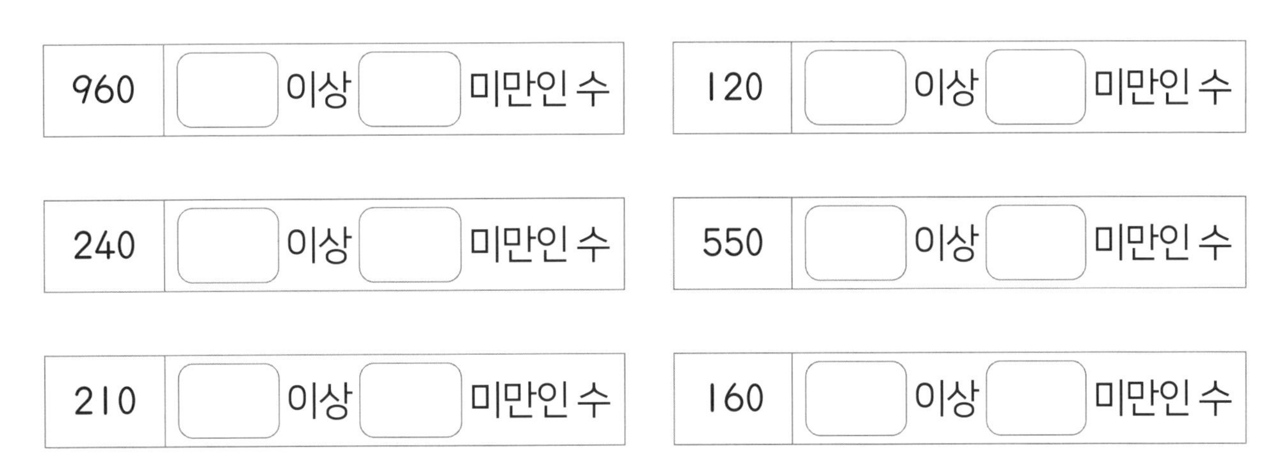

960	☐ 이상 ☐ 미만인 수
120	☐ 이상 ☐ 미만인 수
240	☐ 이상 ☐ 미만인 수
550	☐ 이상 ☐ 미만인 수
210	☐ 이상 ☐ 미만인 수
160	☐ 이상 ☐ 미만인 수

06 어림한 수의 크기를 비교하여 ○ 안에 >, =, <를 알맞게 써넣으세요.

557을 버림하여 십의 자리까지 나타낸 수 ○ 553을 반올림하여 십의 자리까지 나타낸 수

0.2043을 올림하여 소수 둘째자리까지 나타낸 수 ○ 0.2113을 반올림하여 소수 첫째자리까지 나타낸 수

넓이가 절반인 도형

색종이를 접어서 원래 색종이 넓이의 절반인 도형을 만들었습니다.

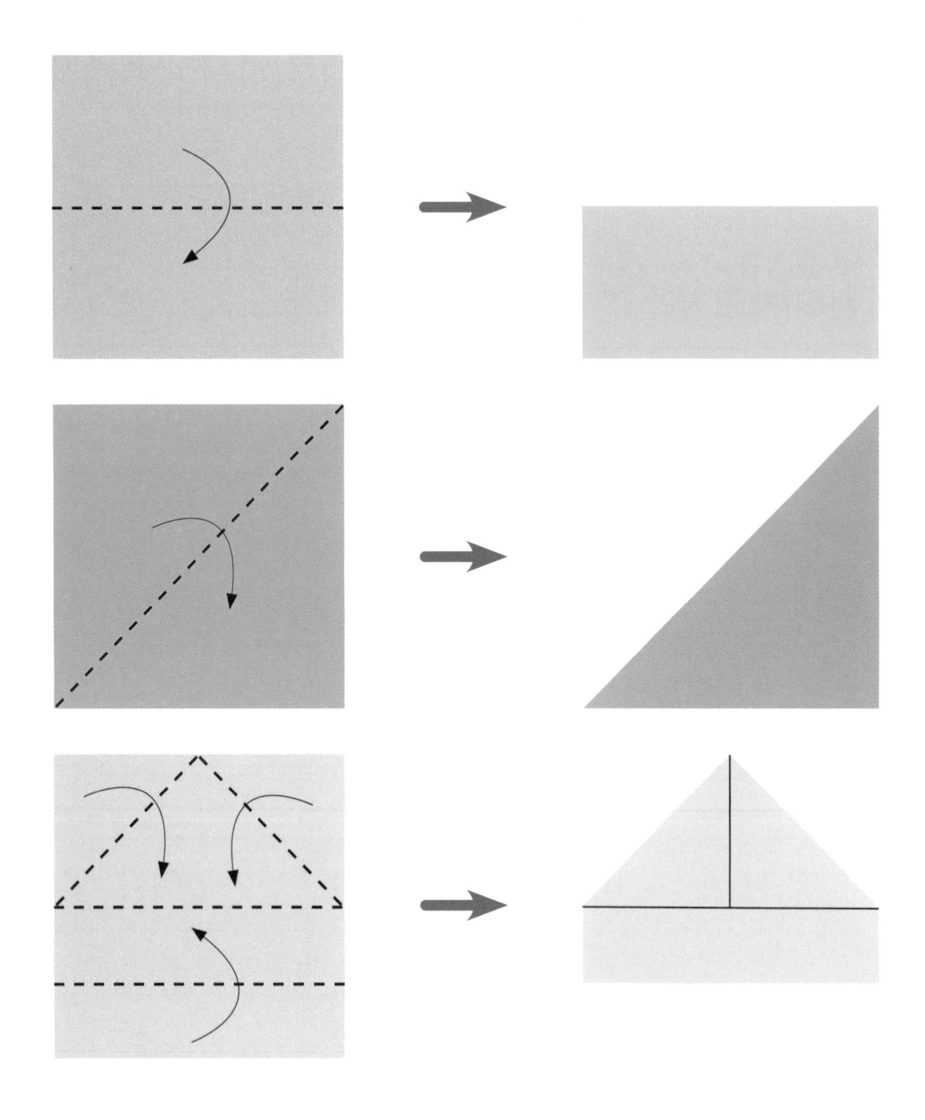

색종이를 접어서 넓이가 절반인 정사각형을 만드는 방법을 그림으로 나타내어 보세요.

분수의 곱셈

차시별로 정답률을 확인하고, 성취도에 O표 하세요.

80% 이상 맞혔어요. 60%~80% 맞혔어요. 60% 이하 맞혔어요.

차시	단원	성취도
11	분수의 곱셈의 이해	
12	(분수)×(분수) 연습	
13	(분수)×(자연수)	
14	(자연수)×(분수)	
15	(분수)×(자연수) 연습	
16	분수의 곱셈 어림하기	
17	세 분수의 곱셈	
18	분수의 곱셈 연습 1	
19	분수의 곱셈 연습 2	

자연수를 분모가 1인 가분수로 생각하면 (분수)×(자연수)도 (분수)×(분수)와 같은 방법으로 계산할 수 있습니다.

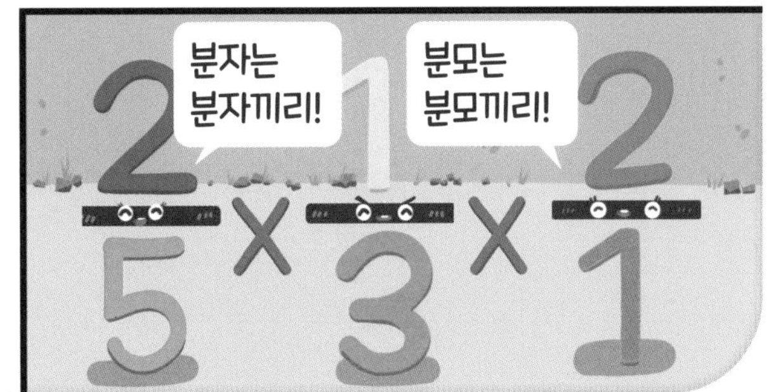

분수의 곱셈의 이해

11 A 분수가 있는 곱셈은 계산 방법이 모두 같아요

진분수의 곱셈은 분자는 분자끼리, 분모는 분모끼리 곱해 계산합니다.

$$\frac{1}{2}\times\frac{1}{3}=\frac{1\times1}{2\times3}=\frac{1}{6}$$

빈칸에 알맞은 수를 써넣으세요.

01 $\frac{1}{5}\times\frac{1}{4}=\frac{\square\times\square}{\square\times\square}=\frac{\square}{\square}$

02 $\frac{3}{8}\times\frac{5}{7}=\frac{\square\times\square}{\square\times\square}=\frac{\square}{\square}$

대분수의 곱셈은 대분수를 가분수로 바꾸어 분자는 분자끼리, 분모는 분모끼리 곱해 계산합니다.

$$1\frac{1}{3}\times1\frac{2}{3}=\frac{4}{3}\times\frac{5}{3}=\frac{4\times5}{3\times3}=\frac{20}{9}=2\frac{2}{9}$$

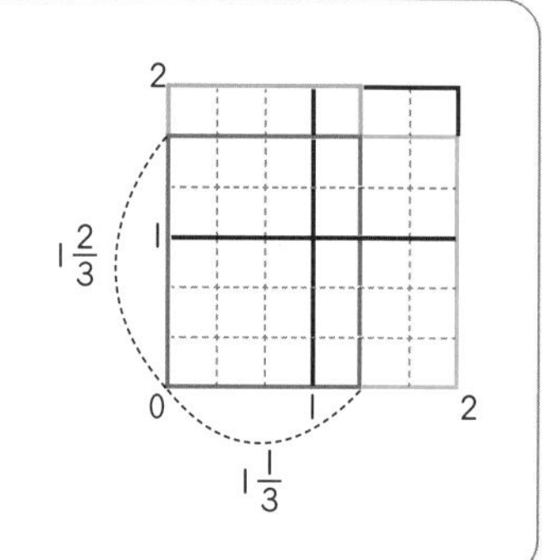

빈칸에 알맞은 수를 써넣으세요.

03 $1\frac{1}{2}\times1\frac{2}{5}=\frac{\square}{\square}\times\frac{\square}{\square}=\frac{\square\times\square}{\square\times\square}=\frac{\square}{\square}=\square\frac{\square}{\square}$

04 $2\frac{3}{4}\times1\frac{2}{3}=\frac{\square}{\square}\times\frac{\square}{\square}=\frac{\square\times\square}{\square\times\square}=\frac{\square}{\square}=\square\frac{\square}{\square}$

계산하세요.

01 $\frac{2}{5}\times\frac{3}{7}=$

02 $\frac{5}{9}\times\frac{1}{4}=$

03 $\frac{2}{3}\times\frac{4}{5}=$

04 $2\frac{3}{8}\times2\frac{3}{7}=$

05 $2\frac{1}{5}\times2\frac{4}{9}=$

06 $2\frac{5}{6}\times2\frac{5}{7}=$

07 $\frac{3}{4}\times\frac{9}{10}=$

08 $\frac{4}{13}\times\frac{2}{9}=$

09 $\frac{7}{8}\times\frac{11}{15}=$

10 $\frac{5}{7}\times\frac{1}{14}=$

11 $\frac{7}{12}\times\frac{5}{9}=$

12 $\frac{9}{16}\times\frac{1}{2}=$

13 $1\frac{1}{8}\times1\frac{2}{7}=$

14 $2\frac{3}{4}\times2\frac{5}{16}=$

15 $2\frac{4}{11}\times2\frac{2}{5}=$

16 $\frac{8}{15}\times\frac{7}{17}=$

17 $\frac{3}{10}\times\frac{11}{13}=$

18 $\frac{1}{15}\times\frac{4}{13}=$

19 $1\frac{1}{9}\times1\frac{1}{3}=$

20 $1\frac{3}{4}\times1\frac{2}{5}=$

21 $1\frac{5}{6}\times2\frac{1}{2}=$

11 분수의 곱셈의 이해

B 분수의 곱셈에서 약분은 선택이 아닌 필수예요

서로의 분자와 분모를 약분할 수 있습니다. 곱하기 전, 약분을 먼저 하면 수가 작아져서 계산이 편리합니다.

$$\frac{\cancel{3}^{1}}{\cancel{4}_{2}} \times \frac{\cancel{2}^{1}}{\cancel{9}_{3}} = \frac{1 \times 1}{2 \times 3} = \frac{1}{6}$$

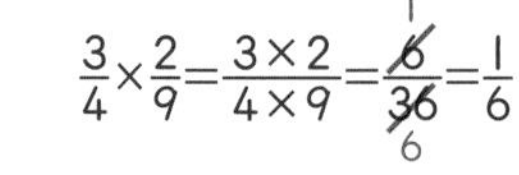

먼저 곱하고 나중에 약분할 수도 있어!
하지만 수가 커지기 때문에 실수하기 쉬워!

빈칸에 알맞은 수를 써넣으세요.

01 $\frac{7}{9} \times \frac{6}{7} = \frac{\cancel{7}^{□}}{\cancel{9}_{□}} \times \frac{\cancel{6}^{□}}{\cancel{7}_{□}} = \frac{□ \times □}{□ \times □} = \frac{□}{□}$

02 $\frac{3}{10} \times \frac{5}{12} = \frac{\cancel{3}^{□}}{\cancel{10}_{□}} \times \frac{\cancel{5}^{□}}{\cancel{12}_{□}} = \frac{□ \times □}{□ \times □} = \frac{□}{□}$

대분수는 가분수로 바꾸어 약분합니다.

$$1\frac{2}{3} \times 1\frac{1}{2} = \frac{5}{\cancel{3}_{1}} \times \frac{\cancel{3}^{1}}{2} = \frac{5 \times 1}{1 \times 2} = \frac{5}{2} = 2\frac{1}{2}$$

$1\frac{\cancel{2}^{1}}{5} \times 1\frac{1}{\cancel{4}_{2}} = 1\frac{1}{5} \times 1\frac{1}{2} = \cdots (\times)$

잠깐!! 대분수 그대로 약분할 수 없어!

빈칸에 알맞은 수를 써넣으세요.

03 $4\frac{1}{2} \times \frac{2}{3} = \frac{\cancel{9}^{□}}{\cancel{2}_{□}} \times \frac{\cancel{2}^{□}}{\cancel{3}_{□}} = \frac{□ \times □}{□ \times □} = \frac{□}{□} = □$

04 $3\frac{3}{4} \times \frac{8}{9} = \frac{\cancel{15}^{□}}{\cancel{4}_{□}} \times \frac{\cancel{8}^{□}}{\cancel{9}_{□}} = \frac{□ \times □}{□ \times □} = \frac{□}{□} = □\frac{□}{□}$

계산하여 기약분수로 나타내세요.

대분수는 꼭 가분수로 바꾸고 나서 약분해야 돼!

01 $\frac{4}{9}\times\frac{3}{8}=$

02 $\frac{5}{6}\times\frac{4}{5}=$

03 $\frac{9}{14}\times\frac{7}{15}=$

04 $2\frac{1}{4}\times1\frac{2}{3}=$

05 $1\frac{5}{6}\times2\frac{4}{11}=$

06 $3\frac{3}{5}\times4\frac{1}{6}=$

07 $\frac{5}{16}\times\frac{4}{15}=$

08 $\frac{7}{12}\times\frac{3}{14}=$

09 $\frac{5}{12}\times\frac{9}{10}=$

10 $\frac{10}{21}\times\frac{14}{15}=$

11 $\frac{9}{11}\times\frac{11}{15}=$

12 $\frac{15}{16}\times\frac{8}{27}=$

13 $2\frac{1}{2}\times1\frac{1}{15}=$

14 $3\frac{1}{13}\times2\frac{7}{16}=$

15 $1\frac{7}{9}\times3\frac{3}{10}=$

16 $\frac{2}{15}\times\frac{3}{10}=$

17 $\frac{7}{24}\times\frac{16}{21}=$

18 $\frac{2}{3}\times\frac{9}{16}=$

19 $4\frac{2}{5}\times1\frac{3}{10}=$

20 $1\frac{7}{9}\times1\frac{7}{20}=$

21 $2\frac{1}{18}\times2\frac{7}{10}=$

(분수)×(분수) 연습

12 A 대분수 그대로 약분할 수 없어요

계산하여 기약분수로 나타내세요.

01 $1\frac{11}{24} \times \frac{14}{15} =$

02 $1\frac{9}{10} \times 1\frac{1}{3} =$

03 $\frac{1}{8} \times \frac{7}{9} =$

04 $\frac{1}{6} \times 1\frac{4}{7} =$

05 $3\frac{1}{8} \times 1\frac{1}{15} =$

06 $\frac{6}{11} \times \frac{2}{13} =$

07 $3\frac{1}{9} \times \frac{9}{14} =$

08 $1\frac{1}{12} \times 5\frac{3}{5} =$

09 $\frac{15}{16} \times \frac{12}{25} =$

10 $\frac{7}{9} \times 3\frac{1}{3} =$

11 $5\frac{5}{6} \times 1\frac{11}{21} =$

12 $\frac{4}{25} \times \frac{4}{5} =$

13 $7\frac{1}{2} \times \frac{16}{25} =$

14 $2\frac{1}{14} \times 2\frac{1}{10} =$

15 $\frac{11}{36} \times \frac{9}{22} =$

16 $\frac{4}{13} \times 2\frac{5}{7} =$

17 $1\frac{13}{32} \times 1\frac{5}{27} =$

18 $\frac{7}{8} \times \frac{5}{18} =$

19 $3\frac{1}{16} \times \frac{6}{7} =$

20 $2\frac{6}{13} \times 3\frac{5}{8} =$

21 $\frac{8}{27} \times \frac{15}{22} =$

계산하여 기약분수로 나타내세요.

01 $3\frac{4}{9}\times\frac{3}{10}=$	02 $4\frac{5}{8}\times7\frac{1}{3}=$	03 $\frac{4}{5}\times\frac{7}{18}=$
04 $\frac{6}{11}\times2\frac{7}{13}=$	05 $5\frac{1}{4}\times1\frac{4}{15}=$	06 $\frac{14}{15}\times\frac{5}{12}=$
07 $4\frac{4}{11}\times\frac{9}{16}=$	08 $3\frac{1}{14}\times5\frac{1}{3}=$	09 $\frac{7}{9}\times\frac{12}{17}=$
10 $\frac{3}{20}\times1\frac{12}{13}=$	11 $2\frac{5}{9}\times2\frac{7}{10}=$	12 $\frac{10}{13}\times\frac{7}{15}=$
13 $3\frac{7}{9}\times\frac{6}{11}=$	14 $7\frac{1}{2}\times2\frac{4}{15}=$	15 $\frac{3}{13}\times\frac{5}{18}=$
16 $\frac{4}{7}\times5\frac{8}{11}=$	17 $2\frac{5}{14}\times1\frac{5}{6}=$	18 $\frac{8}{9}\times\frac{15}{26}=$
19 $3\frac{1}{16}\times\frac{10}{21}=$	20 $1\frac{5}{14}\times1\frac{7}{19}=$	21 $\frac{2}{15}\times\frac{5}{17}=$

12 B (분수)×(분수) 연습

여기까지가 핵심! 다음 단원부터는 주제별 원리를 알아봐요!

두 수의 곱을 계산하여 기약분수로 나타내세요.

01
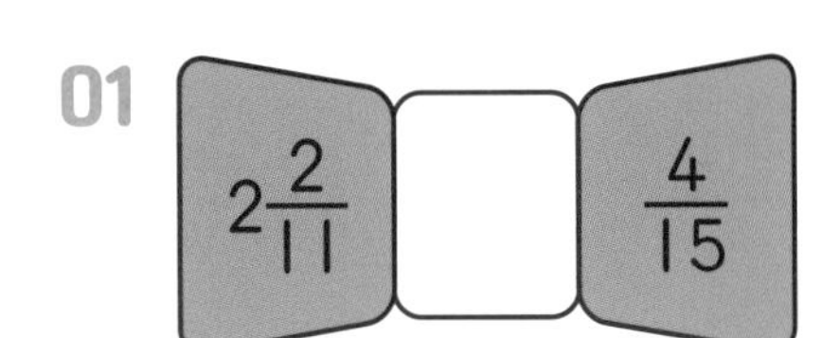

02

03
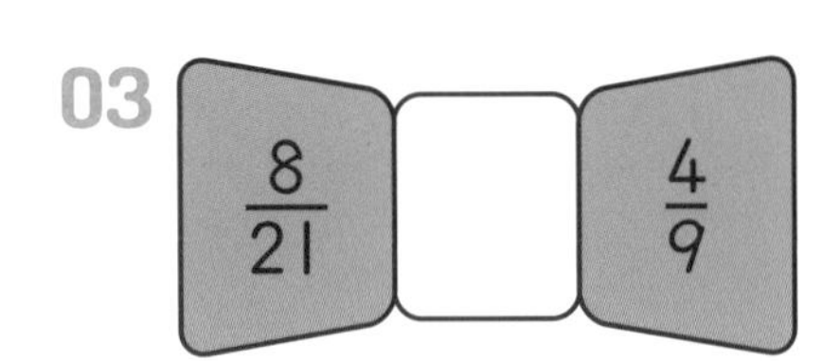

04
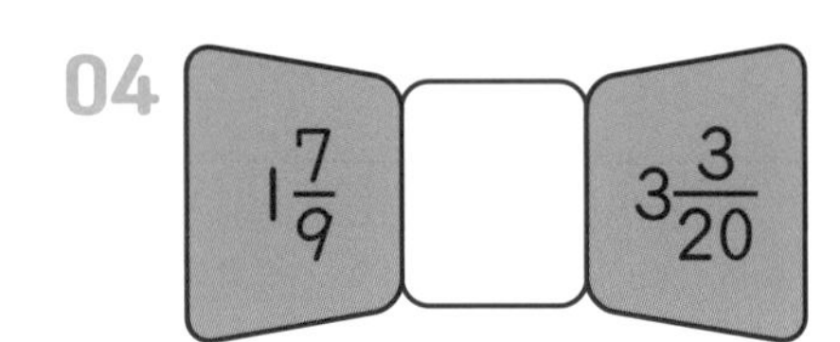

05
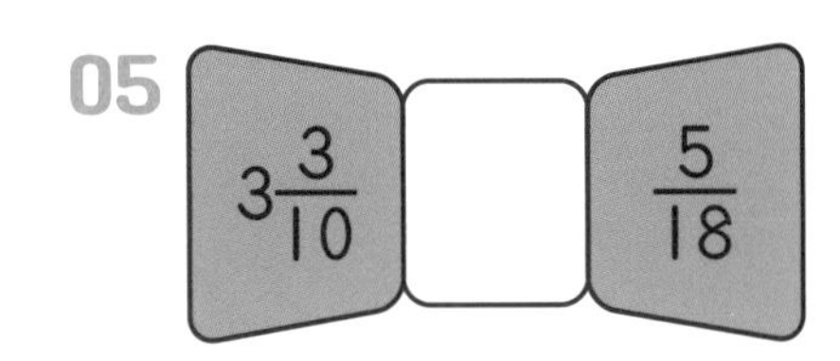

06
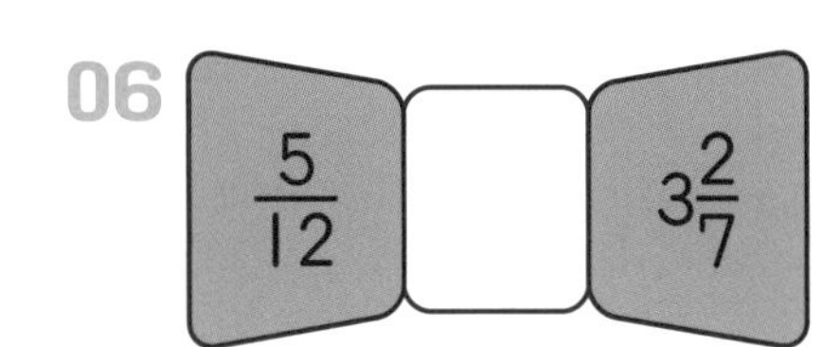

07 $\frac{7}{12}$ $\frac{3}{14}$

08
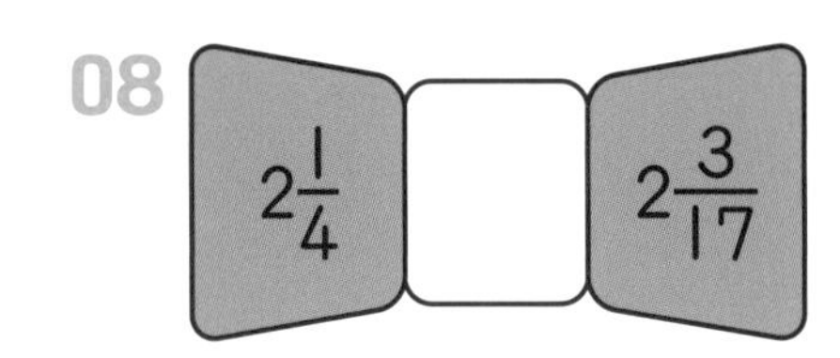

09 $4\frac{1}{9}$ $\frac{9}{10}$

10 $\frac{8}{21}$ $2\frac{1}{24}$

11 $\frac{6}{11}$ $\frac{2}{9}$

12 $1\frac{4}{13}$ $1\frac{19}{20}$

두 수의 곱을 계산하여 기약분수로 나타내세요.

01 $2\frac{3}{14}$ ☐ $\frac{7}{10}$

02

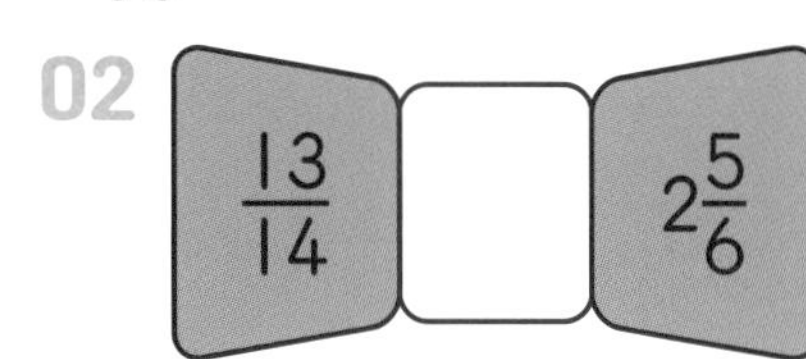

03

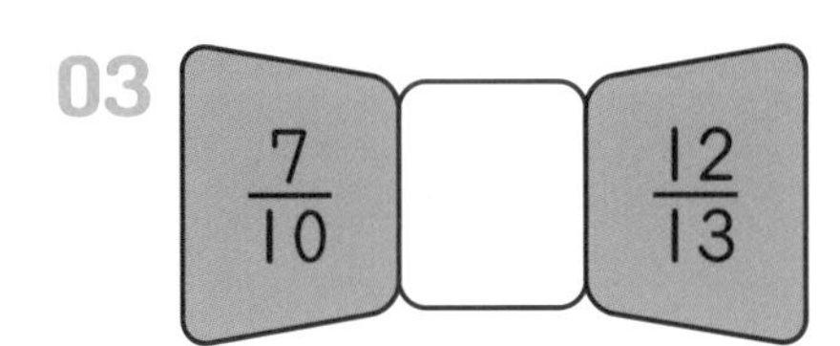

04

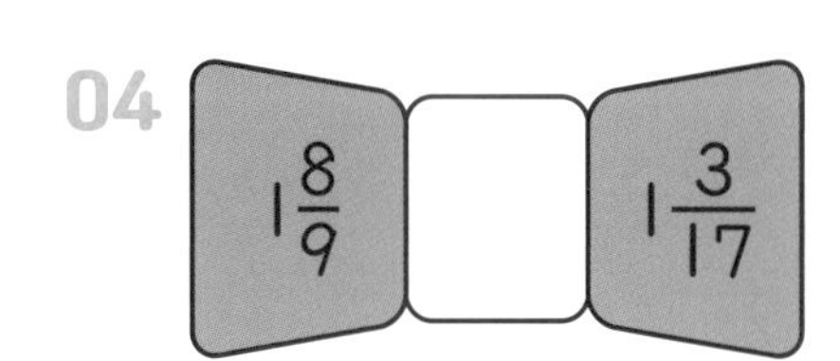

05

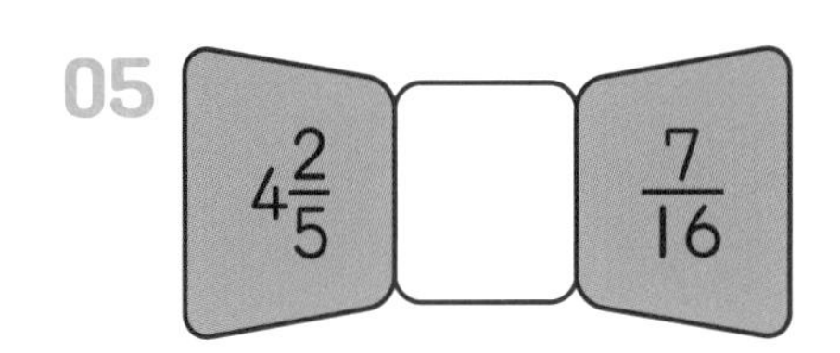

06

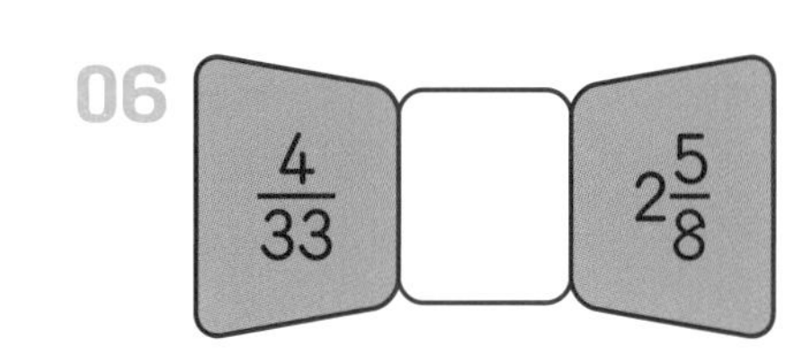

07

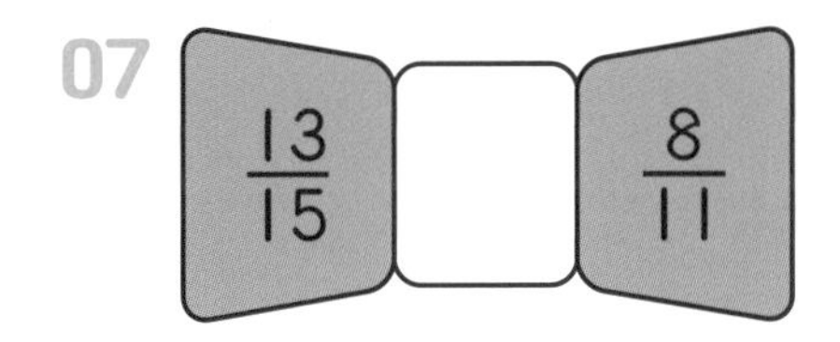

08

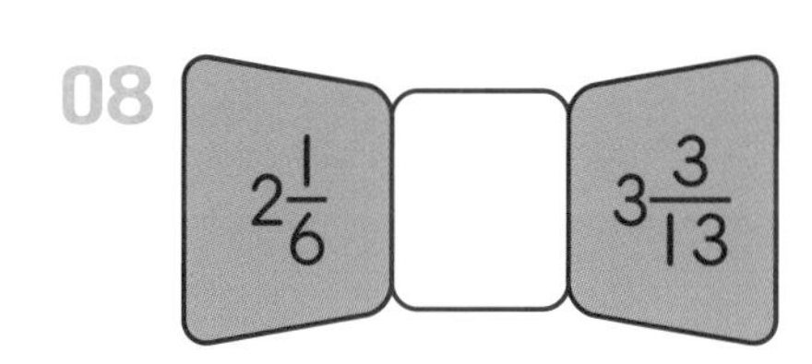

09

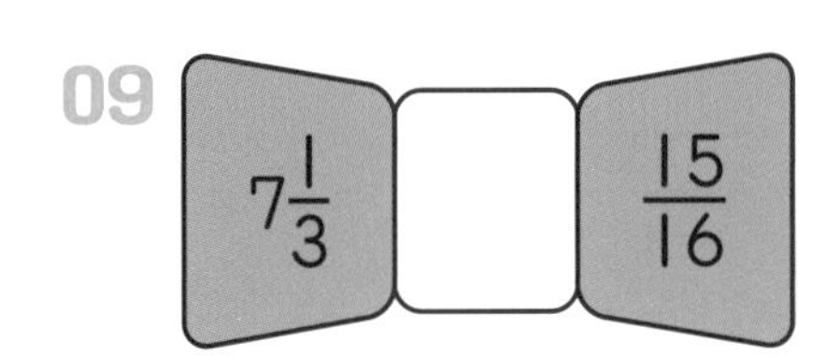

10

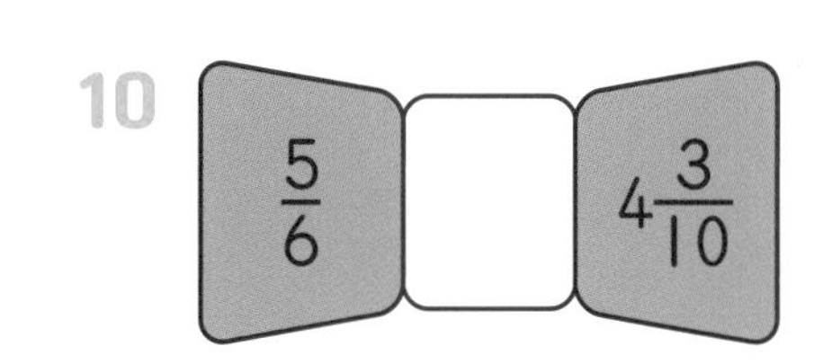

11

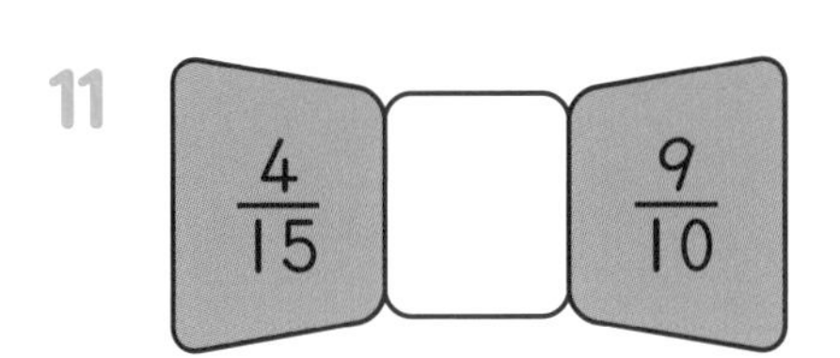

12

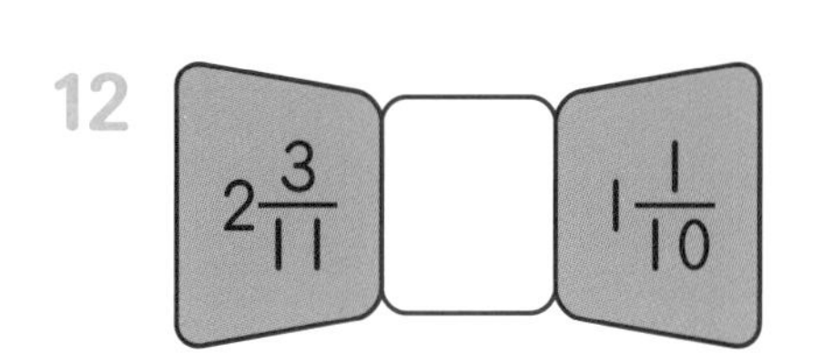

A ×(자연수)는 덧셈으로 이해할 수 있어요

(분수)×(자연수)는 분자에 자연수를 곱해 계산합니다. 곱셈을 덧셈으로 바꾸어 이해할 수 있습니다.

$$\frac{3}{5}\times 2=\frac{3}{5}+\frac{3}{5}=\frac{3\times 2}{5}=\frac{6}{5}=1\frac{1}{5}$$

$\frac{1}{5}$의 개수로도 이해할 수 있어!
$\frac{1}{5}$이 3개씩 2묶음이니까
3과 2를 곱해 $\frac{1}{5}$이 6개 즉, $\frac{6}{5}$!

빈칸에 알맞은 수를 써넣으세요.

01 $\frac{2}{7}\times 3=\frac{2}{7}+\frac{2}{7}+\frac{2}{7}=\frac{\square\times\square}{7}=\frac{\square}{7}$

02 $\frac{3}{4}\times 5=\frac{3}{4}+\frac{3}{4}+\frac{3}{4}+\frac{3}{4}+\frac{3}{4}=\frac{\square\times\square}{4}=\frac{\square}{4}=\square\frac{\square}{4}$

자연수를 분모가 1인 가분수로 생각하면 (분수)×(자연수)도 분자끼리, 분모끼리 곱해 계산하는 것과 같습니다. 그래서 자연수는 분모와 약분할 수 있습니다.

$$\frac{1}{4}\times 2=\frac{1}{\cancel{4}_{2}}\times\frac{\cancel{2}^{1}}{1}=\frac{1\times 1}{2\times 1}=\frac{1}{2}$$

$\frac{1}{4}\times\frac{2}{1}=\frac{1\times 2}{4\times 1}=\frac{\cancel{2}^{1}}{\cancel{4}_{2}}=\frac{1}{2}$

약분을 나중에 할 수도 있어!
하지만 곱할 때 수가 커져서 실수하기 쉬워!

빈칸에 알맞은 수를 써넣으세요.

03 $\frac{1}{\cancel{9}_{\square}}\times\cancel{6}^{\square}=\frac{1\times\square}{\square}=\frac{\square}{\square}$

04 $\frac{1}{\cancel{14}_{\square}}\times\cancel{8}^{\square}=\frac{1\times\square}{\square}=\frac{\square}{\square}$

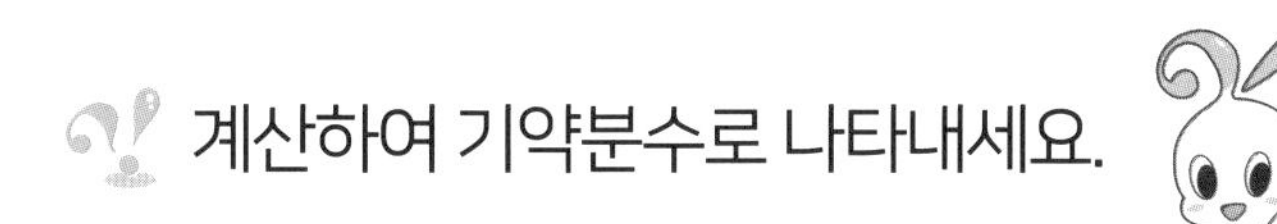

계산하여 기약분수로 나타내세요.

01 $\frac{4}{7}\times 5=$

02 $\frac{4}{5}\times 4=$

03 $\frac{5}{8}\times 12=$

04 $\frac{8}{9}\times 2=$

05 $\frac{7}{12}\times 9=$

06 $\frac{2}{5}\times 4=$

07 $\frac{5}{14}\times 9=$

08 $\frac{8}{9}\times 6=$

09 $\frac{5}{18}\times 3=$

10 $\frac{13}{17}\times 5=$

11 $\frac{7}{8}\times 2=$

12 $\frac{9}{14}\times 3=$

13 $\frac{13}{21}\times 7=$

14 $\frac{7}{24}\times 8=$

15 $\frac{2}{5}\times 10=$

16 $\frac{1}{8}\times 6=$

17 $\frac{11}{14}\times 8=$

18 $\frac{3}{10}\times 7=$

13 B (분수)×(자연수)
1번 방법이 계산하기 편리해요

(대분수)×(자연수)는 두 가지 방법으로 계산할 수 있습니다.

① 가분수로 바꾸어 계산하기

$1\frac{1}{6}\times 2=\frac{7}{6}+\frac{7}{6}=\frac{7}{\cancel{6}_{3}}\times \cancel{2}^{1}=\frac{7\times 1}{3}=\frac{7}{3}=2\frac{1}{3}$

빈칸에 알맞은 수를 써넣으세요.

01 $1\frac{1}{9}\times 3=\frac{10}{\cancel{9}_{\square}}\times \cancel{3}^{\square}=\frac{\square\times\square}{\square}=\frac{\square}{\square}=\square\frac{\square}{\square}$

02 $2\frac{1}{6}\times 4=\frac{13}{\cancel{6}_{\square}}\times \cancel{4}^{\square}=\frac{\square\times\square}{\square}=\frac{\square}{\square}=\square\frac{\square}{\square}$

② 자연수끼리 분수끼리 계산하기

$1\frac{1}{6}\times 2=1\frac{1}{6}+1\frac{1}{6}=(1+1)+(\frac{1}{6}+\frac{1}{6})=(1\times 2)+(\frac{1}{\cancel{6}_{3}}\times \cancel{2}^{1})=2\frac{1}{3}$

빈칸에 알맞은 수를 써넣으세요.

03 $1\frac{1}{8}\times 4=(1\times\square)+(\frac{1}{\cancel{8}_{\square}}\times \cancel{4}^{\square})=\square+\frac{\square}{\square}=\square\frac{\square}{\square}$

04 $2\frac{1}{12}\times 8=(2\times\square)+(\frac{1}{\cancel{12}_{\square}}\times \cancel{8}^{\square})=\square+\frac{\square}{\square}=\square\frac{\square}{\square}$

계산하여 기약분수로 나타내세요.

01 $1\frac{5}{6}\times 4=$

02 $2\frac{1}{8}\times 3=$

03 $1\frac{11}{12}\times 9=$

04 $1\frac{5}{8}\times 7=$

05 $1\frac{3}{10}\times 6=$

06 $3\frac{3}{4}\times 12=$

07 $2\frac{4}{7}\times 5=$

08 $2\frac{5}{14}\times 4=$

09 $1\frac{7}{8}\times 2=$

10 $1\frac{3}{14}\times 2=$

11 $3\frac{11}{15}\times 5=$

12 $2\frac{4}{15}\times 3=$

13 $4\frac{1}{2}\times 8=$

14 $3\frac{6}{7}\times 14=$

15 $1\frac{9}{14}\times 8=$

16 $1\frac{11}{18}\times 9=$

17 $2\frac{7}{9}\times 6=$

18 $1\frac{10}{11}\times 7=$

(자연수)×(분수)

14 A (자연수)×(분수)=(분수)×(자연수)

곱셈은 두 수의 위치를 바꾸어도 계산 결과가 같으므로 (자연수)×(분수)는 (분수)×(자연수)와 같습니다. 따라서 (자연수)×(분수)도 분자에 자연수를 곱해 계산합니다.

$$3\times\frac{1}{2}=\frac{1}{2}\times3=\frac{1\times3}{2}=\frac{3}{2}=1\frac{1}{2}$$

계산하여 기약분수로 나타내세요.

01 $5\times\frac{3}{10}=$

02 $4\times1\frac{3}{5}=$

03 $3\times\frac{5}{6}=$

04 $9\times\frac{7}{15}=$

05 $3\times2\frac{1}{6}=$

06 $8\times\frac{9}{14}=$

07 $4\times\frac{5}{9}=$

08 $8\times2\frac{4}{7}=$

09 $18\times\frac{3}{10}=$

10 $7\times\frac{13}{22}=$

11 $6\times1\frac{5}{12}=$

12 $20\times\frac{13}{15}=$

13 $12\times\frac{7}{8}=$

14 $6\times1\frac{8}{13}=$

15 $7\times\frac{7}{10}=$

계산하여 기약분수로 나타내세요.

$\overset{1}{\cancel{2}} \times \frac{1}{\underset{3}{\cancel{6}}} = \frac{1 \times 1}{3} = \frac{1}{3}$

곱하기 전에 약분 먼저 하는 거 잊지 마!

01 $4 \times \frac{7}{12} =$

02 $7 \times 3\frac{1}{6} =$

03 $11 \times \frac{3}{10} =$

04 $6 \times \frac{9}{14} =$

05 $5 \times 2\frac{7}{8} =$

06 $8 \times \frac{5}{12} =$

07 $5 \times \frac{7}{24} =$

08 $4 \times 1\frac{2}{11} =$

09 $6 \times \frac{17}{18} =$

10 $8 \times \frac{7}{15} =$

11 $13 \times 1\frac{8}{9} =$

12 $9 \times \frac{13}{15} =$

13 $5 \times \frac{6}{7} =$

14 $12 \times 2\frac{4}{15} =$

15 $16 \times \frac{7}{10} =$

16 $9 \times \frac{9}{14} =$

17 $15 \times 2\frac{13}{20} =$

18 $7 \times \frac{7}{18} =$

14 B (자연수)×(분수)
분자와 자연수를 곱해 구해요

리본을 사용하고 남은 길이를 구하세요.

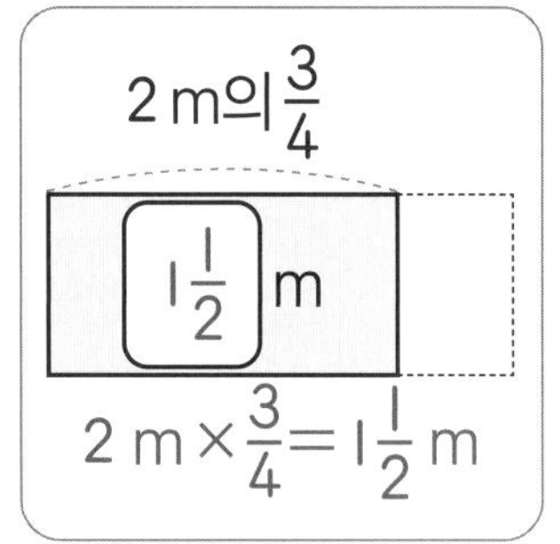

01 6 m의 $\frac{3}{5}$

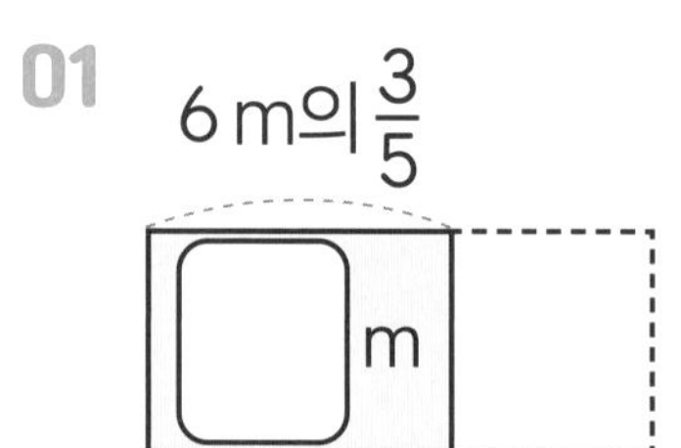

02 7 m의 $\frac{5}{8}$

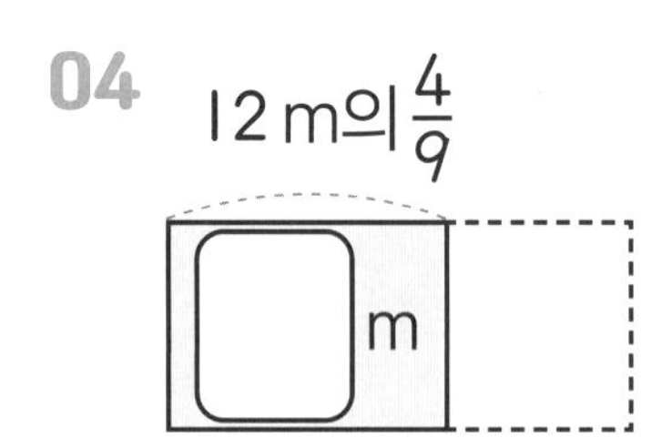

03 8 m의 $\frac{5}{6}$

☐ m

04 12 m의 $\frac{4}{9}$

☐ m

05 15 m의 $\frac{3}{10}$

☐ m

06 10 m의 $\frac{7}{8}$

☐ m

07 22 m의 $\frac{7}{9}$

☐ m

08 16 m의 $\frac{7}{10}$

☐ m

09 20 m의 $\frac{5}{12}$

☐ m

10 26 m의 $\frac{9}{10}$

☐ m

11 14 m의 $\frac{3}{11}$

☐ m

길이가 같은 리본을 주어진 개수대로 이었습니다. 전체 길이를 구하세요.

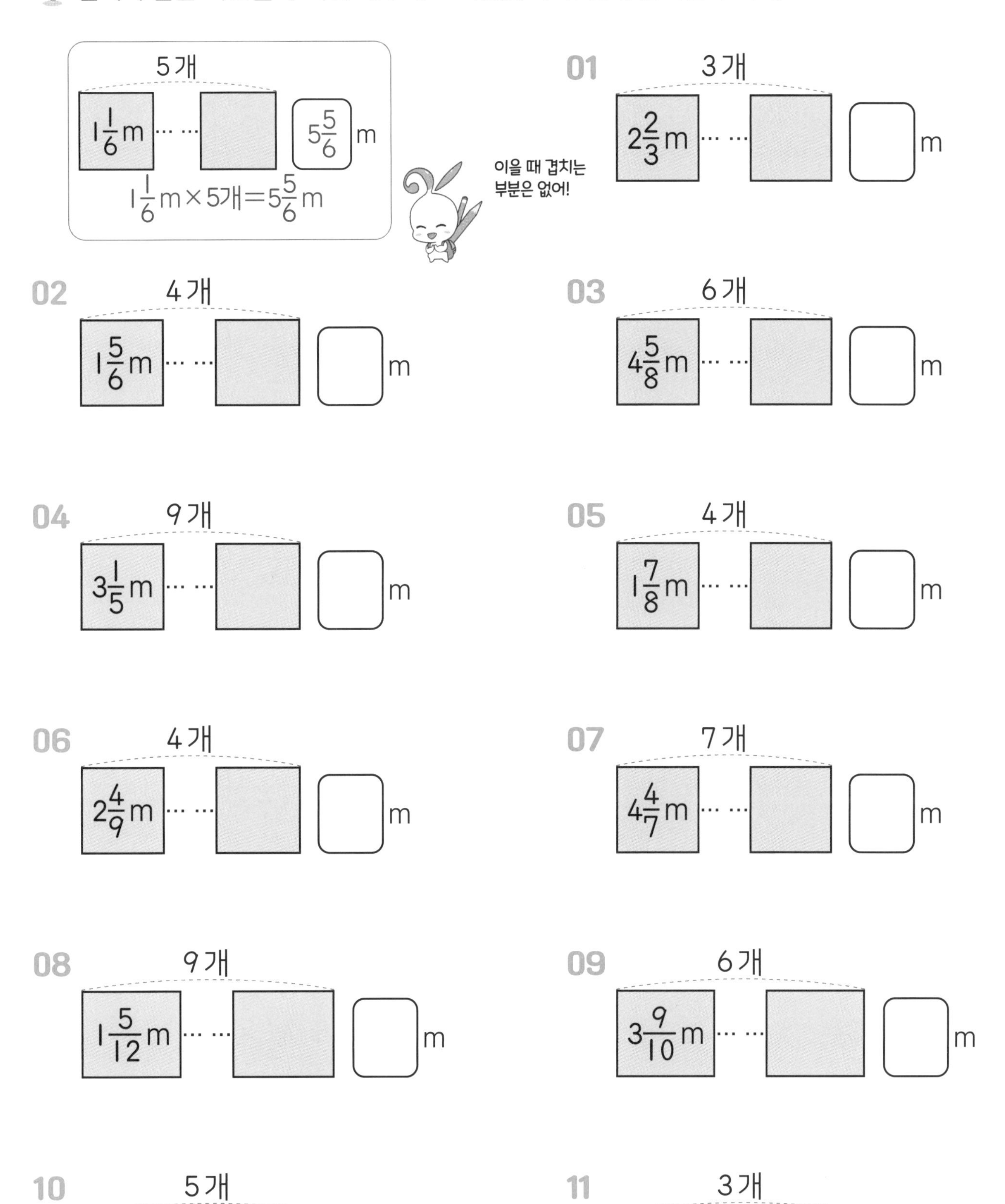

2 PART

15 A

(분수)×(자연수) 연습

약분을 먼저 하는 습관을 들여요

계산하여 기약분수로 나타내세요.

01 $\frac{7}{24}\times6=$

02 $\frac{11}{12}\times8=$

03 $\frac{4}{9}\times13=$

04 $5\times\frac{5}{6}=$

05 $8\times\frac{8}{11}=$

06 $6\times\frac{9}{10}=$

07 $\frac{5}{14}\times10=$

08 $\frac{5}{8}\times12=$

09 $\frac{3}{16}\times7=$

10 $4\times3\frac{2}{5}=$

11 $8\times6\frac{1}{6}=$

12 $7\times2\frac{5}{7}=$

13 $2\frac{6}{13}\times3=$

14 $3\frac{9}{14}\times7=$

15 $4\frac{7}{8}\times9=$

16 $9\times1\frac{5}{16}=$

17 $6\times2\frac{11}{14}=$

18 $10\times4\frac{7}{12}=$

계산하여 기약분수로 나타내세요.

01 $18\times\frac{1}{4}=$

02 $7\times\frac{5}{12}=$

03 $4\times\frac{7}{18}=$

04 $\frac{5}{21}\times 6=$

05 $\frac{7}{10}\times 15=$

06 $\frac{8}{9}\times 8=$

07 $5\times\frac{5}{14}=$

08 $8\times\frac{5}{14}=$

09 $7\times\frac{2}{3}=$

10 $3\frac{7}{9}\times 6=$

11 $6\frac{1}{2}\times 6=$

12 $2\frac{3}{8}\times 10=$

13 $4\times 4\frac{6}{13}=$

14 $20\times 1\frac{14}{15}=$

15 $3\times 4\frac{6}{7}=$

16 $2\frac{3}{16}\times 8=$

17 $5\frac{7}{9}\times 15=$

18 $2\frac{2}{5}\times 11=$

15 B (분수)×(자연수) 연습

자연수는 분모와 약분할 수 있어요

표에 직사각형의 가로와 세로의 길이를 써놓았습니다. 직사각형의 넓이를 구하세요.

01

가로	세로	넓이
$1\frac{3}{4}$	5	

02

가로	세로	넓이
$6\frac{4}{9}$	3	

03

가로	세로	넓이
4	$2\frac{3}{11}$	

04

가로	세로	넓이
9	$7\frac{1}{6}$	

05

가로	세로	넓이
$1\frac{3}{8}$	6	

06

가로	세로	넓이
$3\frac{2}{7}$	12	

07

가로	세로	넓이
2	$7\frac{1}{4}$	

08

가로	세로	넓이
6	$2\frac{7}{13}$	

09

가로	세로	넓이
$4\frac{1}{3}$	15	

10

가로	세로	넓이
$3\frac{7}{12}$	8	

11

가로	세로	넓이
16	$1\frac{1}{20}$	

12

가로	세로	넓이
21	$2\frac{3}{14}$	

표에 평행사변형의 밑변의 길이와 높이를 써놓았습니다. 평행사변형의 넓이를 구하세요.

01

밑변	높이	넓이
$3\frac{7}{8}$	10	

02

밑변	높이	넓이
$2\frac{2}{9}$	15	

03

밑변	높이	넓이
8	$4\frac{2}{9}$	

04

밑변	높이	넓이
6	$3\frac{5}{8}$	

05

밑변	높이	넓이
$2\frac{11}{14}$	7	

06

밑변	높이	넓이
$2\frac{8}{17}$	3	

07

밑변	높이	넓이
2	$8\frac{3}{10}$	

08

밑변	높이	넓이
5	$5\frac{7}{12}$	

09

밑변	높이	넓이
$4\frac{3}{14}$	12	

10

밑변	높이	넓이
$1\frac{15}{22}$	11	

11

밑변	높이	넓이
5	$6\frac{1}{15}$	

12

밑변	높이	넓이
14	$2\frac{15}{16}$	

분수의 곱셈 어림하기

16 A 곱하는 수를 보면 계산 결과를 예측할 수 있어요

어떤 수에 곱하는 수가 1보다 크면 어떤 수보다 큰 값, 1이면 어떤 수와 같은 값, 1보다 작으면 어떤 수보다 작은 값이 나옵니다.

$4\times1\frac{1}{2}$ →

4×1 →

$4\times\frac{1}{2}$ →

$\frac{1}{2}\times1\frac{1}{2}$ →

$\frac{1}{2}\times1$ →

$\frac{1}{2}\times\frac{1}{2}$ →

계산 결과를 어림하여 값이 더 큰 쪽에 ○표 하세요.

잠깐! 계산하지 마!
곱하는 수만 봐도
알겠는데?

01 $8\times\frac{2}{5}$ 8×3

02 $9\times\frac{3}{10}$ $9\times2\frac{1}{10}$

03 7×2 $7\times\frac{5}{7}$

04 12×5 $12\times3\frac{4}{9}$

05 3×3 $3\times3\frac{7}{8}$

06 $6\times2\frac{5}{11}$ $6\times\frac{10}{11}$

07 $\frac{4}{7}\times\frac{5}{6}$ $\frac{4}{7}\times1\frac{1}{6}$

08 $\frac{5}{11}\times1$ $\frac{5}{11}\times\frac{6}{7}$

계산 결과를 어림하여 값이 더 큰 쪽에 ○표 하세요.

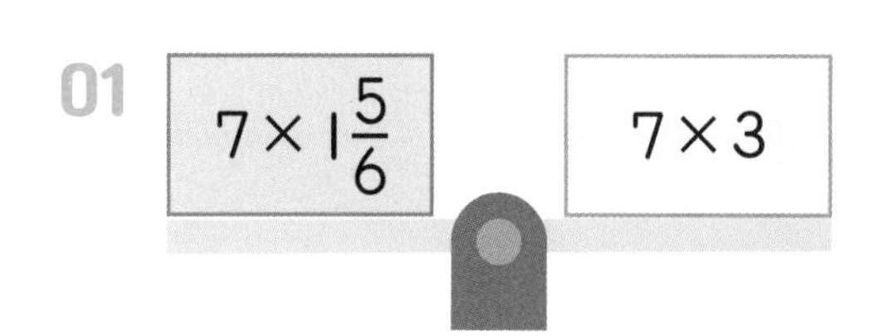

01 $7\times1\frac{5}{6}$ 7×3

02 $14\times\frac{7}{9}$ 14×1

03 $5\times\frac{3}{8}$ $5\times3\frac{1}{8}$

04 $\frac{3}{11}\times2$ $\frac{3}{11}\times\frac{6}{7}$

05 4×3 $4\times1\frac{3}{5}$

06 $\frac{1}{9}\times1\frac{7}{12}$ $\frac{1}{9}\times1$

07 $\frac{2}{5}\times1\frac{7}{14}$ $\frac{2}{5}\times\frac{3}{14}$

08 $9\times\frac{4}{7}$ $9\times2\frac{2}{7}$

09 $10\times\frac{11}{15}$ 10×5

10 $19\times4\frac{7}{10}$ $19\times\frac{9}{10}$

11 $\frac{3}{10}\times1$ $\frac{3}{10}\times\frac{2}{9}$

12 $\frac{7}{8}\times2$ $\frac{7}{8}\times4\frac{5}{7}$

16 B 분수의 곱셈 어림하기
식을 관찰해서 공통된 수를 먼저 찾아요

계산 결과가 큰 순서대로 숫자를 써넣으세요.

(예시)
(2) : 3×2 (1) : $3\times2\frac{7}{8}$
(3) : $3\times\frac{11}{12}$ (4) : $3\times\frac{1}{15}$

01

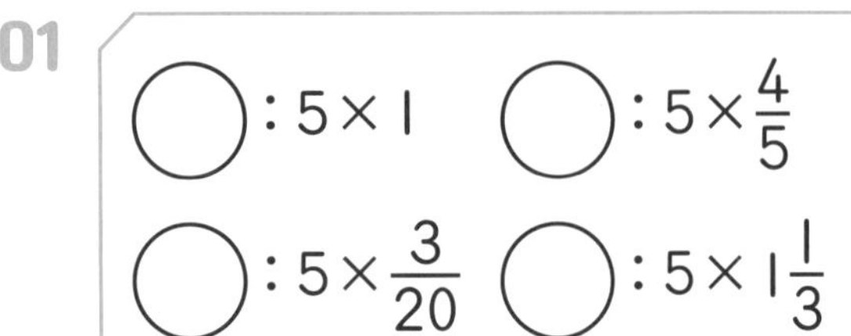

( ) : 5×1 ( ) : $5\times\frac{4}{5}$
( ) : $5\times\frac{3}{20}$ ( ) : $5\times1\frac{1}{3}$

02

( ) : 7×3 ( ) : $7\times2\frac{2}{5}$
( ) : $7\times\frac{5}{8}$ ( ) : $7\times1\frac{4}{7}$

03

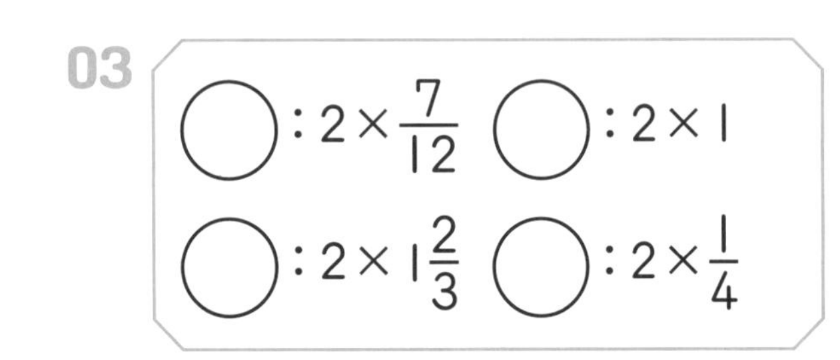

( ) : $2\times\frac{7}{12}$ ( ) : 2×1
( ) : $2\times1\frac{2}{3}$ ( ) : $2\times\frac{1}{4}$

04

( ) : $\frac{7}{8}\times\frac{2}{3}$ ( ) : $\frac{7}{8}\times1\frac{5}{6}$
( ) : $\frac{7}{8}\times1$ ( ) : $\frac{7}{8}\times2\frac{3}{5}$

05

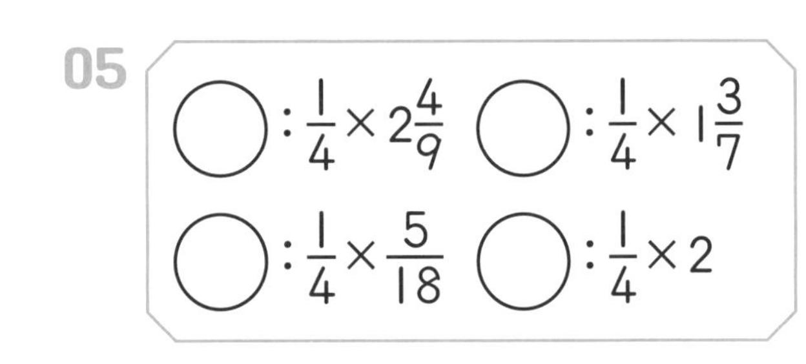

( ) : $\frac{1}{4}\times2\frac{4}{9}$ ( ) : $\frac{1}{4}\times1\frac{3}{7}$
( ) : $\frac{1}{4}\times\frac{5}{18}$ ( ) : $\frac{1}{4}\times2$

06

( ) : $9\times1\frac{3}{5}$ ( ) : 9×2
( ) : $9\times2\frac{1}{7}$ ( ) : $9\times\frac{10}{11}$

07

( ) : 6×1 ( ) : $6\times\frac{13}{16}$
( ) : $6\times\frac{1}{2}$ ( ) : $6\times1\frac{4}{5}$

08

( ) : $\frac{4}{9}\times\frac{4}{15}$ ( ) : $\frac{4}{9}\times\frac{7}{10}$
( ) : $\frac{4}{9}\times2$ ( ) : $\frac{4}{9}\times1\frac{2}{5}$

09

( ) : $\frac{1}{2}\times\frac{1}{9}$ ( ) : $\frac{1}{2}\times2$
( ) : $\frac{1}{2}\times\frac{7}{15}$ ( ) : $\frac{1}{2}\times1\frac{5}{8}$

계산 결과가 큰 순서대로 숫자를 써넣으세요.

01

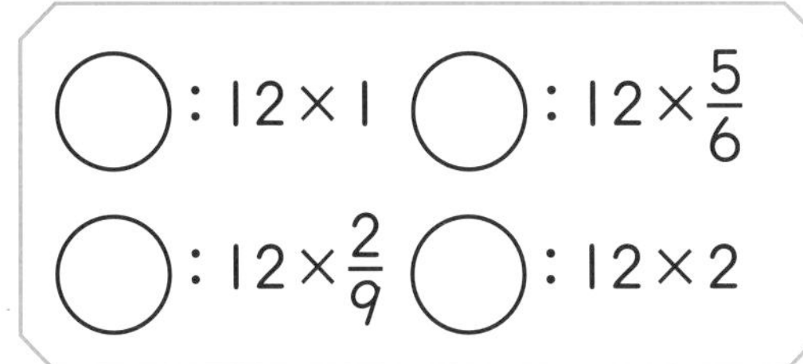

◯ : 12×1 ◯ : $12 \times \frac{5}{6}$

◯ : $12 \times \frac{2}{9}$ ◯ : 12×2

02

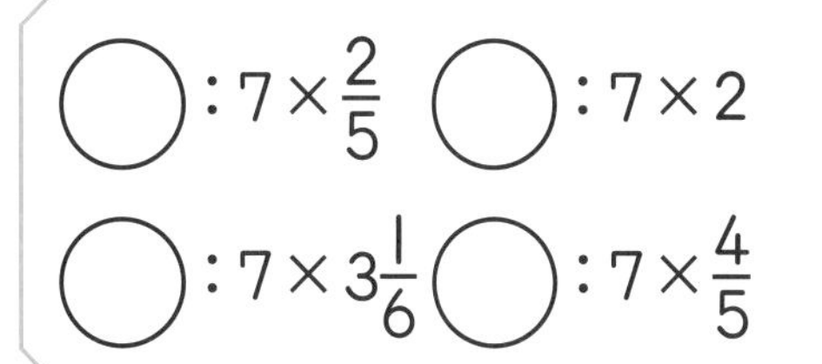

◯ : $7 \times \frac{2}{5}$ ◯ : 7×2

◯ : $7 \times 3\frac{1}{6}$ ◯ : $7 \times \frac{4}{5}$

03

◯ : $8 \times 3\frac{3}{5}$ ◯ : $8 \times \frac{3}{7}$

◯ : $8 \times 1\frac{3}{8}$ ◯ : 8×1

04

◯ : $5 \times \frac{1}{2}$ ◯ : $5 \times 2\frac{4}{11}$

◯ : 5×1 ◯ : $5 \times 1\frac{4}{9}$

05

◯ : $\frac{5}{6} \times 1\frac{1}{2}$ ◯ : $\frac{5}{6} \times 2$

◯ : $\frac{5}{6} \times \frac{2}{9}$ ◯ : $\frac{5}{6} \times 1\frac{8}{9}$

06

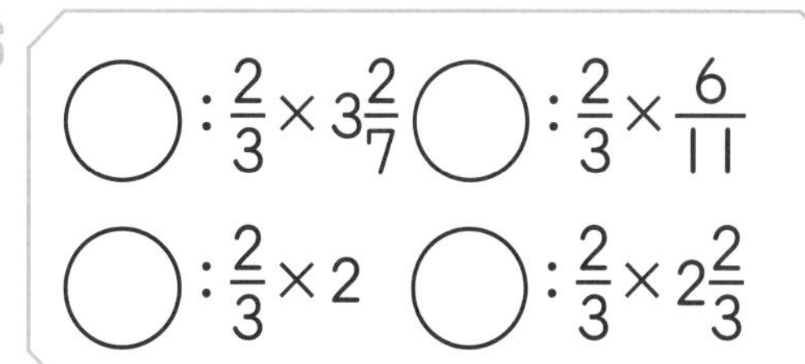

◯ : $\frac{2}{3} \times 3\frac{2}{7}$ ◯ : $\frac{2}{3} \times \frac{6}{11}$

◯ : $\frac{2}{3} \times 2$ ◯ : $\frac{2}{3} \times 2\frac{2}{3}$

07

◯ : 3×1 ◯ : $3 \times 1\frac{5}{6}$

◯ : $3 \times 2\frac{1}{4}$ ◯ : $3 \times \frac{7}{8}$

08

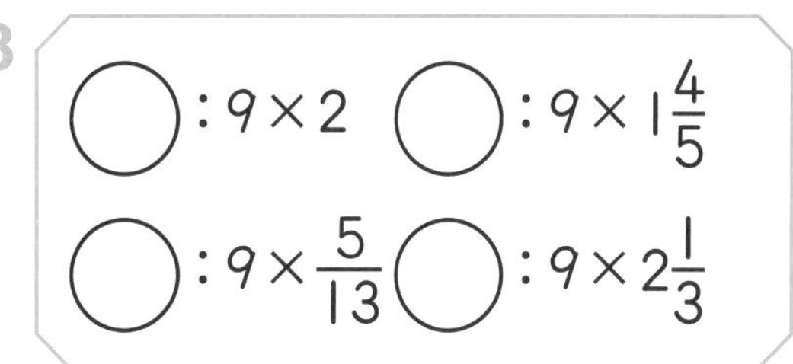

◯ : 9×2 ◯ : $9 \times 1\frac{4}{5}$

◯ : $9 \times \frac{5}{13}$ ◯ : $9 \times 2\frac{1}{3}$

09

◯ : $\frac{2}{5} \times \frac{1}{4}$ ◯ : $\frac{2}{5} \times 1\frac{2}{7}$

◯ : $\frac{2}{5} \times 2$ ◯ : $\frac{2}{5} \times \frac{7}{10}$

10

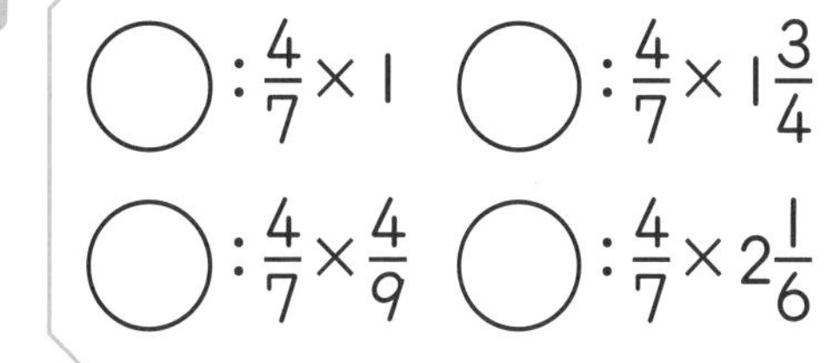

◯ : $\frac{4}{7} \times 1$ ◯ : $\frac{4}{7} \times 1\frac{3}{4}$

◯ : $\frac{4}{7} \times \frac{4}{9}$ ◯ : $\frac{4}{7} \times 2\frac{1}{6}$

17

세 분수의 곱셈

A 약분만 잘하면 간단하게 계산할 수 있어요

세 분수의 곱셈은 여러 번 약분될 수 있습니다.

$$\frac{7}{30} \times \frac{3}{5} \times \frac{25}{26} = \frac{7}{10} \times \frac{1}{1} \times \frac{5}{26} = \frac{7 \times 1 \times 1}{2 \times 1 \times 26} = \frac{7}{52}$$

계산하여 기약분수로 나타내세요.

01 $\frac{5}{36} \times \frac{9}{20} \times \frac{8}{27} =$

02 $\frac{15}{32} \times 16 \times \frac{4}{5} =$

03 $\frac{5}{9} \times \frac{7}{10} \times \frac{12}{35} =$

04 $\frac{9}{10} \times \frac{6}{11} \times \frac{5}{18} =$

05 $\frac{7}{24} \times 5 \times \frac{8}{15} =$

06 $1\frac{5}{12} \times \frac{5}{6} \times 8 =$

07 $\frac{5}{12} \times 3\frac{1}{9} \times \frac{7}{10} =$

08 $6 \times 2\frac{1}{14} \times \frac{4}{15} =$

09 $1\frac{3}{7} \times 14 \times 2\frac{1}{12} =$

10 $3\frac{1}{2} \times \frac{13}{15} \times 2\frac{1}{7} =$

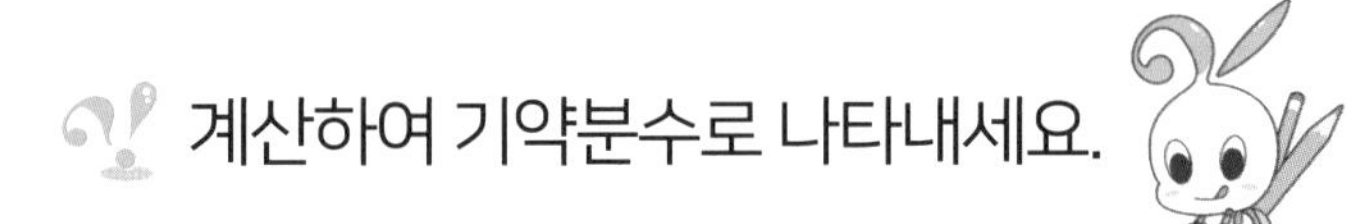

계산하여 기약분수로 나타내세요.

자연수는 분모가 1인 가분수로 생각할 수 있어.
그래서 다른 분수의 분모와 약분할 수 있지.

01 $\frac{5}{18}\times\frac{9}{10}\times8=$

02 $4\times\frac{7}{12}\times\frac{9}{14}=$

03 $4\times\frac{5}{8}\times1\frac{5}{6}=$

04 $\frac{13}{21}\times6\times1\frac{5}{9}=$

05 $\frac{3}{10}\times2\frac{3}{16}\times2\frac{4}{5}=$

06 $4\frac{1}{2}\times\frac{8}{13}\times\frac{3}{4}=$

07 $\frac{5}{12}\times1\frac{4}{5}\times15=$

08 $\frac{5}{7}\times\frac{2}{13}\times\frac{9}{10}=$

09 $4\frac{9}{10}\times2\times2\frac{4}{7}=$

10 $4\times\frac{4}{15}\times2\frac{3}{16}=$

11 $3\times6\frac{2}{7}\times\frac{3}{22}=$

12 $\frac{9}{16}\times\frac{2}{3}\times1\frac{4}{7}=$

13 $2\frac{1}{12}\times5\times\frac{4}{7}=$

14 $6\times2\frac{2}{11}\times\frac{15}{16}=$

17 B 세 분수의 곱셈

곱하기 전 더 약분할 수 없는지 확인해요

세 수의 곱을 계산하여 기약분수로 나타내세요.

01

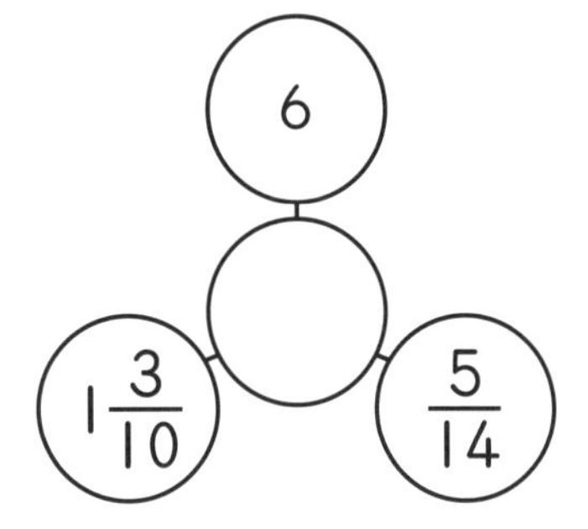

02

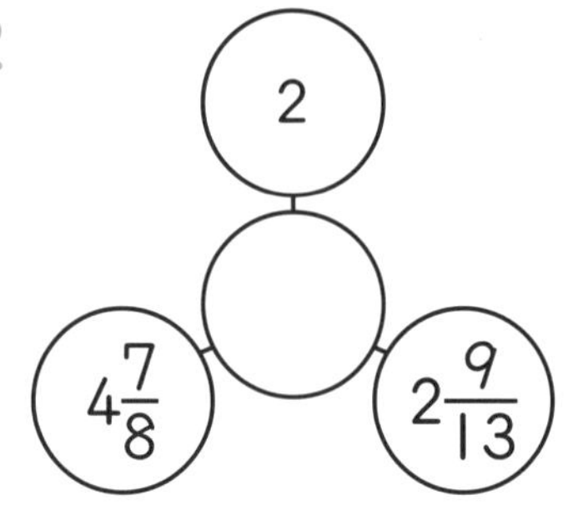

03

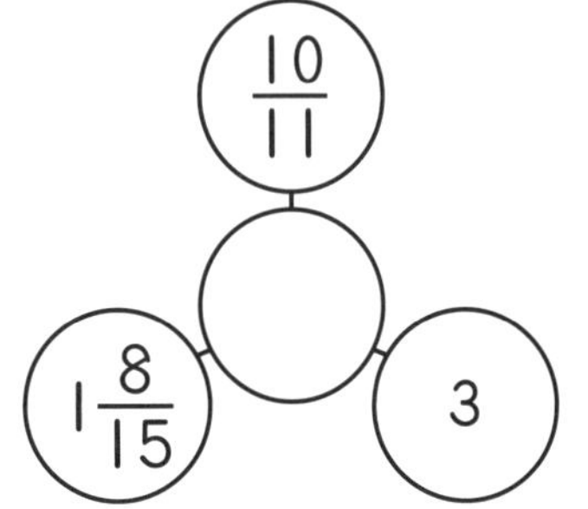

04

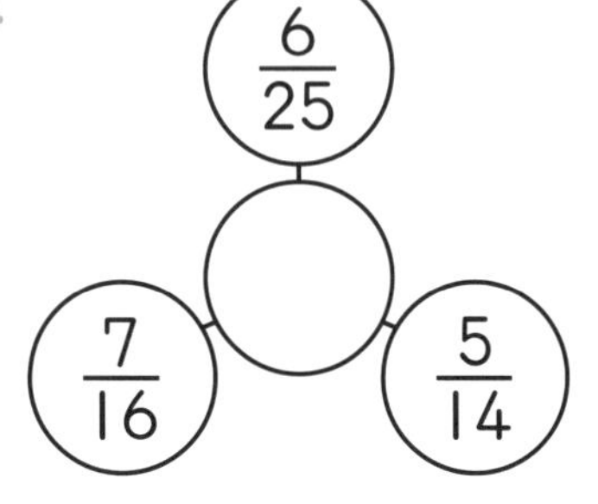

05

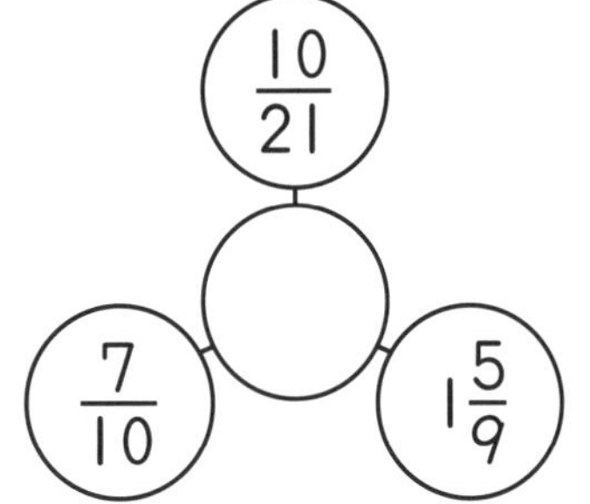

06

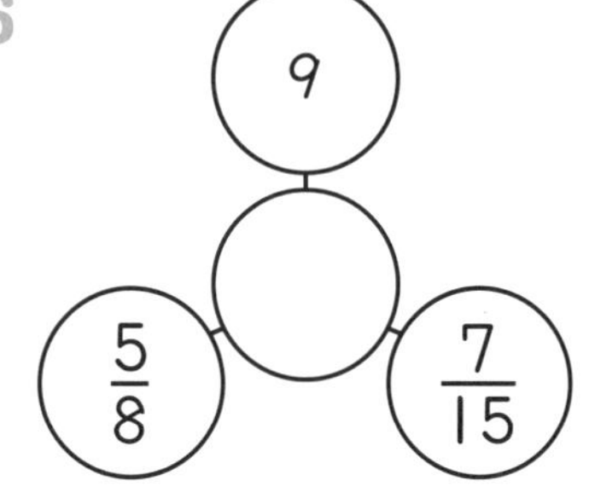

07

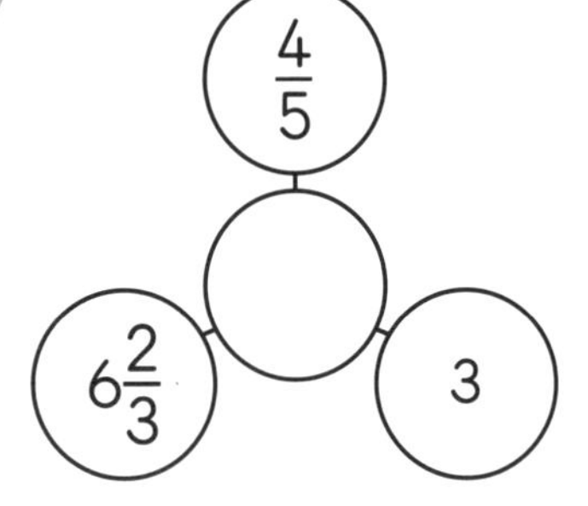

08

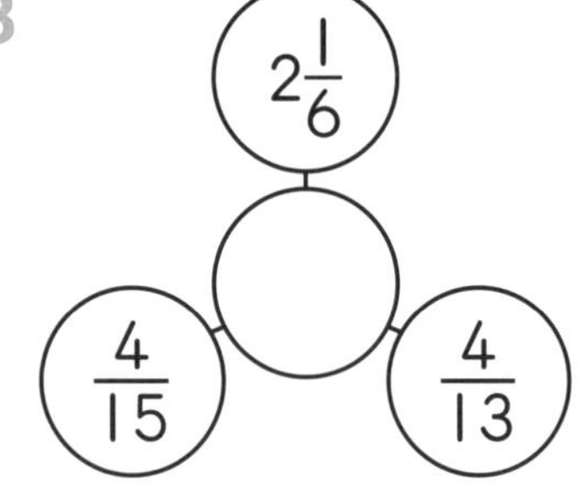

09

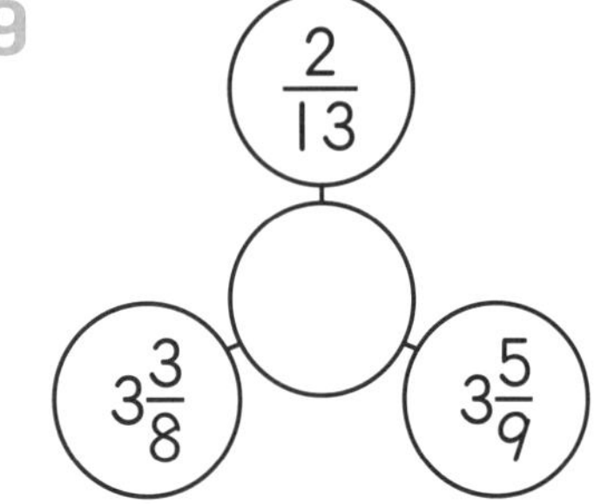

10

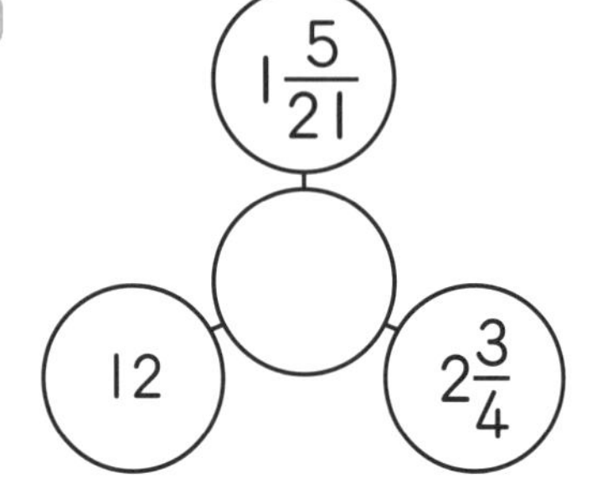

세 수의 곱을 계산하여 기약분수로 나타내세요.

01

3, $1\frac{2}{9}$, $\frac{11}{12}$

02

$\frac{5}{16}$, $3\frac{1}{7}$, $2\frac{4}{5}$

03

$2\frac{7}{10}$, $4\frac{2}{7}$, $\frac{4}{9}$

04

$\frac{7}{8}$, $\frac{16}{21}$, 8

05

4, $\frac{3}{10}$, $2\frac{7}{18}$

06

$\frac{8}{9}$, $\frac{3}{16}$, $\frac{4}{15}$

07

$\frac{4}{15}$, $3\frac{1}{12}$, 9

08

$7\frac{1}{2}$, 6, $\frac{2}{21}$

09

$\frac{4}{7}$, $\frac{5}{24}$, $3\frac{3}{5}$

10

$4\frac{1}{5}$, 2, $2\frac{5}{6}$

분수의 곱셈 연습 1

18 A 자연수는 분모가 1인 가분수로 생각할 수 있어요

계산하여 기약분수로 나타내세요.

01 $\frac{9}{20}\times\frac{11}{18}=$

02 $\frac{17}{24}\times\frac{20}{21}=$

03 $\frac{23}{36}\times 8=$

04 $1\frac{7}{12}\times\frac{8}{21}=$

05 $\frac{10}{13}\times 5\frac{1}{5}=$

06 $\frac{16}{25}\times\frac{5}{18}=$

07 $\frac{3}{8}\times 3\frac{5}{11}=$

08 $4\times 2\frac{5}{6}=$

09 $\frac{20}{21}\times 28\times\frac{3}{4}=$

10 $\frac{19}{24}\times 5\times 2\frac{7}{10}=$

11 $\frac{2}{9}\times 2\frac{11}{14}\times\frac{5}{8}=$

12 $\frac{4}{9}\times\frac{5}{14}\times 2\frac{1}{24}=$

13 $\frac{7}{18}\times\frac{5}{6}\times\frac{8}{25}=$

14 $6\frac{1}{2}\times\frac{3}{16}\times 12=$

계산하여 기약분수로 나타내세요.

01 $12\times1\frac{7}{8}=$

02 $\frac{15}{17}\times2\frac{3}{5}=$

03 $\frac{5}{12}\times\frac{9}{28}=$

04 $\frac{3}{8}\times2\frac{2}{11}=$

05 $\frac{13}{14}\times5\frac{1}{3}=$

06 $\frac{5}{9}\times\frac{7}{10}=$

07 $\frac{13}{27}\times\frac{6}{11}=$

08 $4\frac{8}{11}\times\frac{5}{13}=$

09 $2\frac{3}{16}\times\frac{5}{21}\times10=$

10 $\frac{11}{16}\times\frac{6}{25}\times\frac{2}{3}=$

11 $\frac{2}{15}\times18\times\frac{7}{8}=$

12 $\frac{4}{13}\times4\times3\frac{5}{7}=$

13 $\frac{1}{2}\times\frac{8}{13}\times2\frac{3}{7}=$

14 $\frac{5}{14}\times1\frac{4}{9}\times\frac{7}{10}=$

18 B 분수의 곱셈 연습 1

분수의 곱셈에선 약분이 핵심이에요

[보기]와 같이 빈칸에 알맞은 수를 써넣으세요.

[보기]

01

02

03

04

05

06

07

08

09

10

11

빈칸에 알맞은 수를 써넣으세요.

01

02

03

04

05

06

07

08

09

10

11

12

19 A 분수의 곱셈 연습 2

대분수는 가분수로 바꾼 다음 약분해요

선인장에 쓰여진 수를 모두 곱하여 기약분수로 나타내세요.

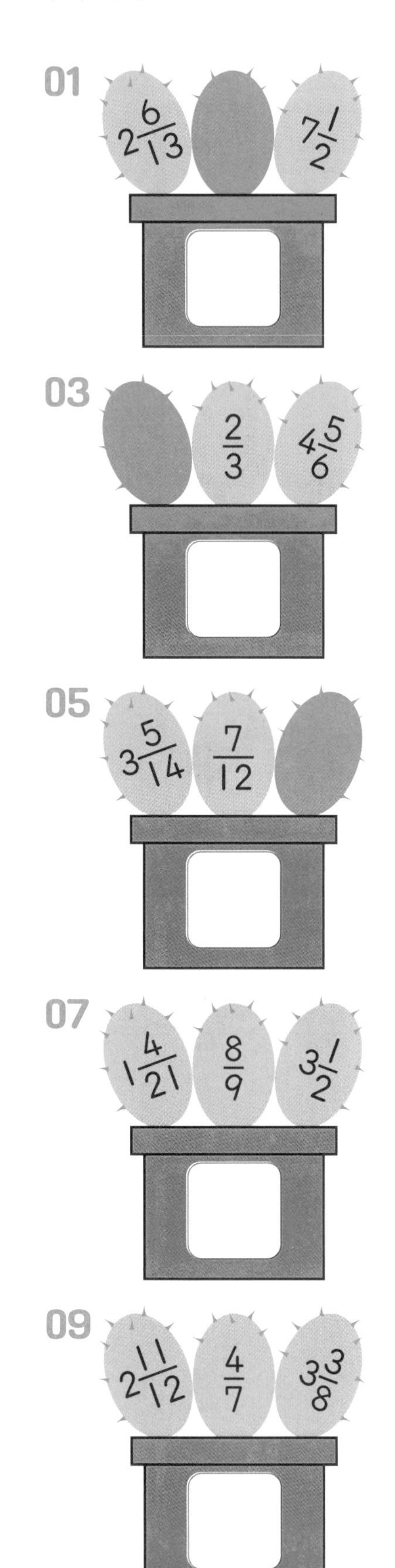

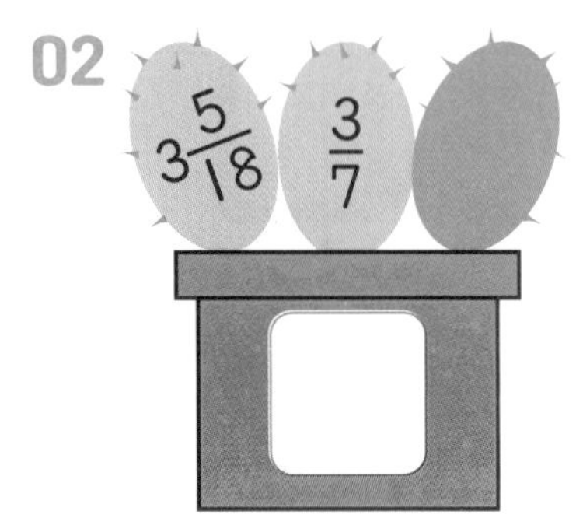

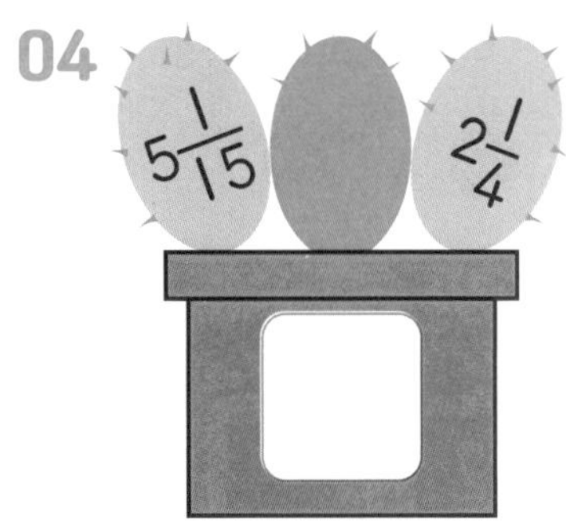

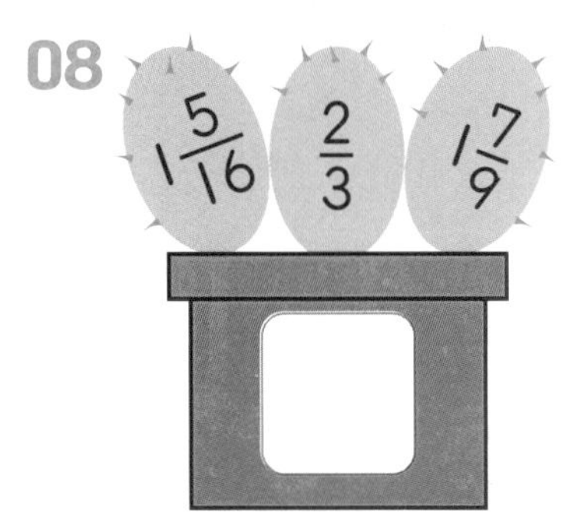

선인장에 쓰여진 수를 모두 곱하여 기약분수로 나타내세요.

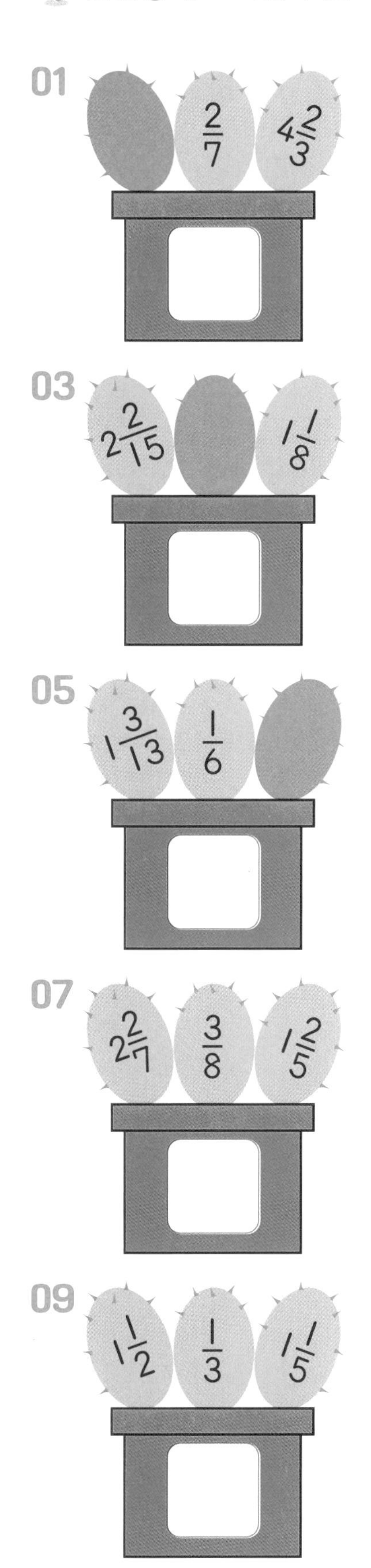

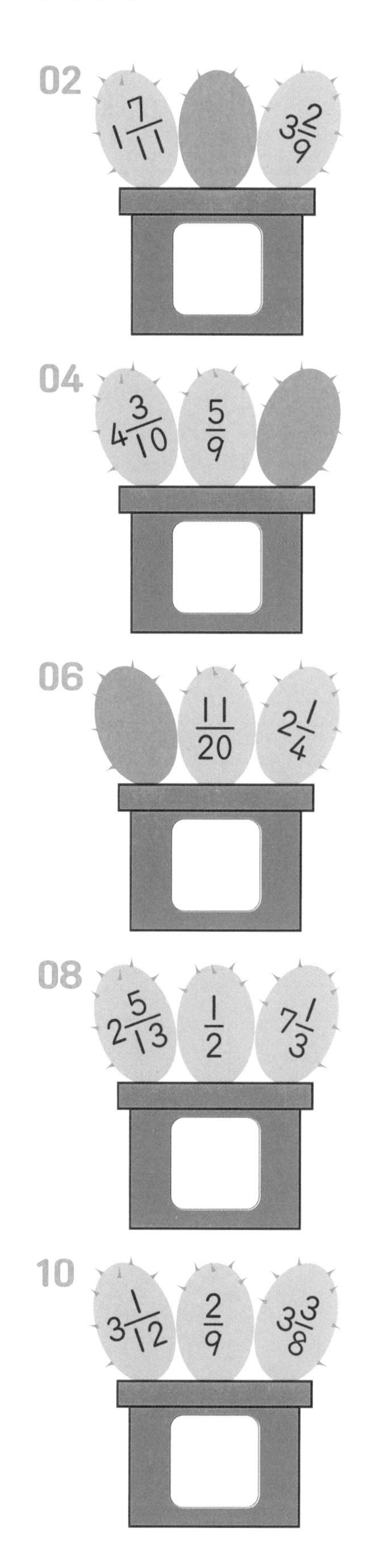

이런 문제를 다루어요

01 계산 결과가 같은 것끼리 이으세요.

$\frac{5}{10}\times 8$ •	• $\frac{19}{9}\times 3$
$\frac{13}{4}\times 3$ •	• $\frac{8}{10}\times 5$
$2\frac{1}{9}\times 3$ •	• $1\frac{1}{12}\times 9$

02 위의 수보다 계산 결과가 작은 식에 모두 ○표 하세요.

굳이 계산하지 않아도
알 수 있을 것 같은데?

$\frac{5}{12}$

$\frac{5}{12}\times 15$ $\quad \frac{5}{12}\times\frac{20}{21}$ $\quad \frac{7}{9}\times\frac{5}{12}$

$1\frac{3}{8}$

$1\frac{3}{8}\times 1\frac{1}{4}$ $\quad 3\times 1\frac{3}{8}$ $\quad 1\frac{3}{8}\times\frac{13}{15}$

03 직사각형의 넓이를 구하세요.

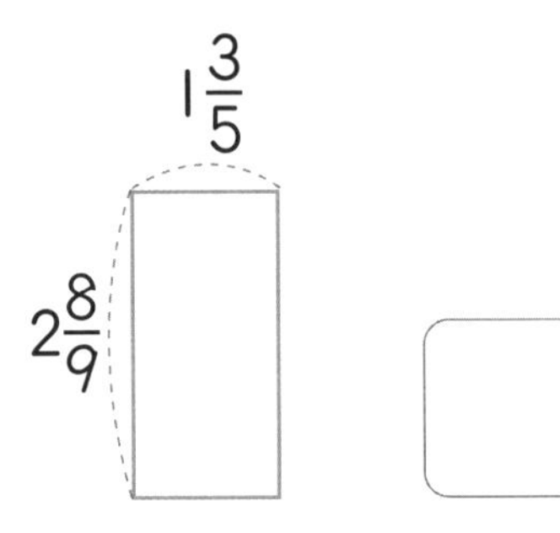

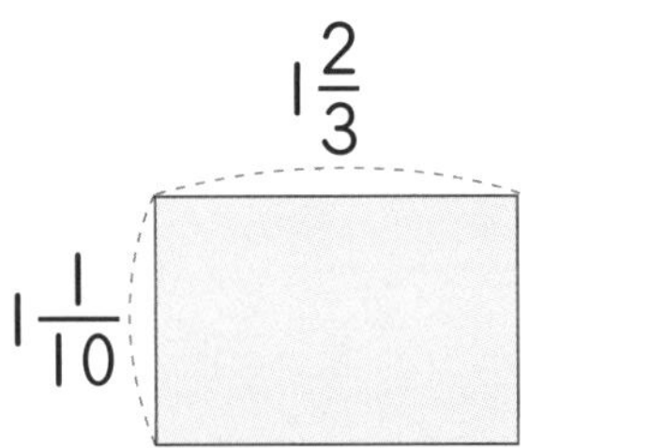

04 ○ 안에 >, =, <를 알맞게 써넣으세요.

어림해서
풀 수 있어!

$\frac{9}{14}\times 1$ ○ $\frac{9}{14}\times\frac{25}{28}$

$\frac{7}{13}\times\frac{6}{10}$ ○ $\frac{1}{7}\times\frac{7}{13}$

$\frac{15}{24}\times\frac{5}{6}$ ○ $\frac{15}{24}\times 1\frac{1}{7}$

$\frac{1}{3}\times\frac{3}{4}$ ○ $\frac{1}{3}\times\frac{3}{5}$

05 마름모와 직사각형 중 둘레가 더 긴 도형에 ○표 하세요.

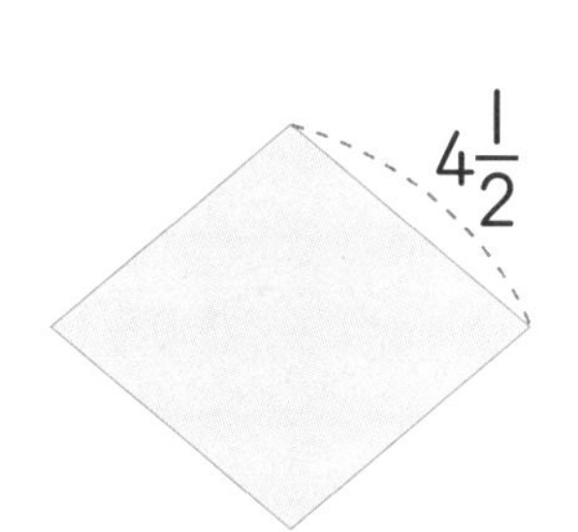

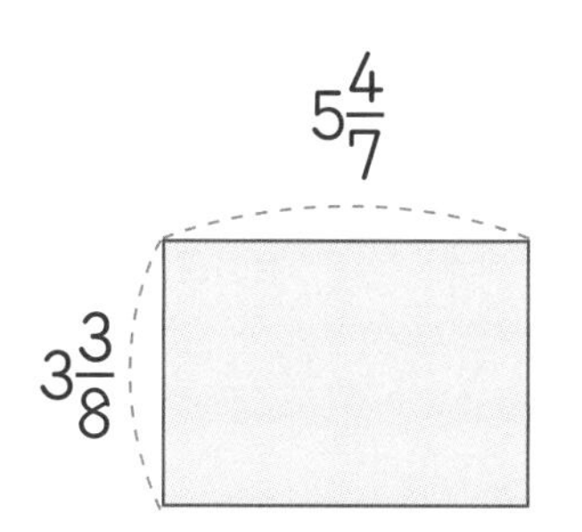

06 바르게 말하고 있는 친구에게 모두 ○표 하세요.

07 1반은 피자 10판 중 $\frac{8}{15}$을 먹었고 2반은 피자 8판 중 $\frac{7}{12}$을 먹었습니다. 두 반 중 어느 반이 더 많이 먹었는지 쓰세요.

답 : ________

08 $2\frac{1}{3}$ m 리본의 $\frac{7}{12}$을 선물 포장하는 데 썼습니다. 사용한 리본의 길이를 구하세요.

답 : ________ m

성인의 지혜

사막 지역에 살던 세 아들을 둔 아버지가 다음과 같은 유언을 남기고 죽었습니다.

> 내가 남긴 재산이라고는 낙타밖에 없구나.
> 너희 셋이 다음과 같이 낙타를 나누어 가지도록 하여라.
>
> 첫째는 전체의 $\frac{1}{2}$
>
> 둘째는 전체의 $\frac{1}{4}$
>
> 막내는 전체의 $\frac{1}{6}$

아버지가 유산으로 남긴 낙타의 수를 세 형제는 도저히 나눌 수가 없어서 마을에서 가장 똑똑하기로 유명한 어른을 찾아서 도움을 요청하였습니다.

내가 낙타 한 마리를 빌려줄 테니
아버지의 유언대로 나누어 가지거라.
나누어 가지고 나면 한 마리가 남을 게다.
다시 나에게 돌려주면 된단다.

아버지가 유산으로 물려주신 낙타는 몇 마리일까요?

소수의 곱셈

차시별로 정답률을 확인하고, 성취도에 O표 하세요.

80% 이상 맞혔어요. 60%~80% 맞혔어요. 60% 이하 맞혔어요.

차시	단원	성취도
20	(소수)×(자연수) 세로셈	
21	(소수)×(자연수) 이해	
22	(자연수)×(소수)	
23	(소수)×(소수) 세로셈	
24	(소수)×(소수) 이해	
25	(소수)×(소수) 연습	
26	소수점의 위치	
27	소수의 곱셈 연습 1	
28	소수의 곱셈 연습 2	

소수의 곱셈은 자연수의 곱셈으로 바꾸어 이해할 수 있습니다.

(소수)×(자연수) 세로셈

20 A 자연수로 생각해 곱하고 소수점을 찍어요

다음은 (소수)×(자연수)를 세로셈으로 계산하는 방법입니다.

① 소수를 자연수로 생각하여 곱합니다.
② 소수점 위치 그대로 내려 곱한 값에 찍습니다.
③ 만약 소수점 아래 마지막 자리에 0이 있다면 생략합니다.

$1.35 \times 4 = 5.4$

	1.	3	5
×			4
	5.	4	~~0~~

	1	3	5	하나, 둘~
×			4	
	5	4	0	하나, 둘!

뒤에서부터 소수점까지 자리 수를 세서 곱한 값에 똑같이 찍어주는 것도 방법이야!

세로셈으로 계산하여 빈칸에 알맞은 수를 써넣으세요.

	2.	1	4
×		1	3
	6	4	2
2	1	4	
2	7.	8	2

01

	4.	5	4
×			5

02

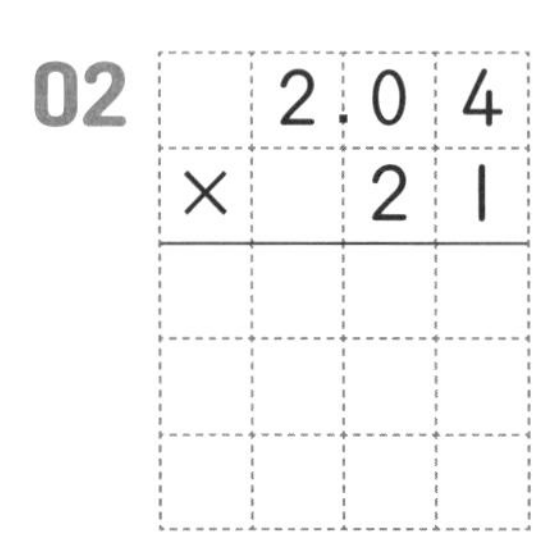

	2.	0	4
×		2	1

03

	0.	1	2
×			5

04

		1.	1
×			3

05

	3.	6	1
×		2	4

06

	2.	4	3
×		1	6

07

	2	2.	7
×		4	1

08

	5	0.	3
×			6

09

	4	6.	2
×			8

10

	7.	2	1
×			9

11

		0.	4
×			7

세로셈으로 계산하여 빈칸에 알맞은 수를 써넣으세요.

01 24.5×28

02 0.23×6

03 3.27×21

04 1.04×5

05 2.57×31

06 20.2×4

07 7.24×13

08 3.6×2

09 0.4×6

10 0.7×3

11 32.4×27

12 0.32×7

13 81.1×12

14 3.56×9

15 2.19×36

20 B (소수)×(자연수) 세로셈
소수점 위치만 주의하면 자연수의 곱셈과 같아요

계산하세요.

01
$$\begin{array}{r} 14.1 \\ \times \quad 6 \\ \hline \end{array}$$

02
$$\begin{array}{r} 0.14 \\ \times \quad 9 \\ \hline \end{array}$$

03
$$\begin{array}{r} 47.4 \\ \times \quad 5 \\ \hline \end{array}$$

04
$$\begin{array}{r} 30.7 \\ \times \quad 31 \\ \hline \end{array}$$

05
$$\begin{array}{r} 2.24 \\ \times \quad 41 \\ \hline \end{array}$$

06
$$\begin{array}{r} 0.6 \\ \times \quad 8 \\ \hline \end{array}$$

07
$$\begin{array}{r} 0.07 \\ \times \quad 8 \\ \hline \end{array}$$

08
$$\begin{array}{r} 64.3 \\ \times \quad 8 \\ \hline \end{array}$$

09
$$\begin{array}{r} 3.22 \\ \times \quad 16 \\ \hline \end{array}$$

10
$$\begin{array}{r} 11.2 \\ \times \quad 28 \\ \hline \end{array}$$

11
$$\begin{array}{r} 4.2 \\ \times \quad 3 \\ \hline \end{array}$$

12
$$\begin{array}{r} 3.8 \\ \times \quad 9 \\ \hline \end{array}$$

13
$$\begin{array}{r} 1.9 \\ \times \quad 4 \\ \hline \end{array}$$

14
$$\begin{array}{r} 2.97 \\ \times \quad 15 \\ \hline \end{array}$$

15
$$\begin{array}{r} 5.6 \\ \times \quad 2 \\ \hline \end{array}$$

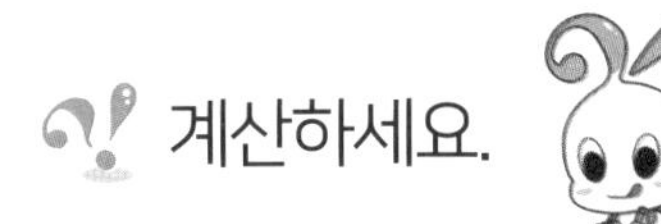

소수점을 올바르게 찍었는지
다시 한번 확인해!

01 48.7×9

02 1.4×2

03 1.01×7

04 0.48×3

05 91.1×12

06 0.29×7

07 0.03×12

08 4.14×6

09 0.5×8

10 1.6×3

11 0.3×7

12 4.29×19

13 34.2×15

14 1.44×35

15 2.7×8

21 A

(소수)×(자연수) 이해

여러 가지 방법으로 이해할 수 있어요

(소수)×(자연수)는 덧셈으로 바꾸어 이해할 수 있습니다.

$0.4\times3=0.4+0.4+0.4=1.2$

4×3은 4를 3번 더한 것과 같았어!
그럼 0.4×3도 0.4를 3번 더한 것과 같겠다.

빈칸에 알맞은 수를 써넣으세요.

01 $0.8\times4=\square+\square+\square+\square=\square$

02 $1.2\times3=\square+\square+\square=\square$

03 $0.4\times6=\square+\square+\square+\square+\square+\square=\square$

04 $0.22\times4=\square+\square+\square+\square=\square$

(소수)×(자연수)는 소수의 개수로 이해할 수 있습니다.

$0.4\times3=0.1\times4\times3=0.1\times12=1.2$

0.1이 4개씩 3묶음 있다고 생각 할 수 있어!

빈칸에 알맞은 수를 써넣으세요.

05 $0.5\times4=0.1\times\square\times\square=0.1\times\square=\square$

06 $0.12\times2=0.01\times\square\times\square=0.01\times\square=\square$

07 $0.7\times3=0.1\times\square\times\square=0.1\times\square=\square$

08 $1.9\times5=0.1\times\square\times\square=0.1\times\square=\square$

계산하세요.

01 $0.4\times4=$

02 $0.9\times2=$

03 $0.16\times3=$

04 $0.23\times2=$

05 $0.8\times3=$

06 $0.4\times7=$

07 $1.4\times4=$

08 $2.8\times3=$

09 $0.9\times6=$

10 $0.8\times9=$

11 $1.1\times7=$

12 $0.17\times3=$

13 $0.5\times5=$

14 $0.6\times2=$

15 $0.24\times4=$

16 $0.07\times7=$

21 B (소수)×(자연수) 이해

원리를 이해하는 것도 중요해요

(소수)×(자연수)는 자연수의 곱으로 바꾸어 이해할 수 있습니다.

$4 \times 3 = 12$

$\frac{1}{10}$배 ↓ ↓ $\frac{1}{10}$배

$0.4 \times 3 = 1.2$

빈칸에 알맞은 수를 써넣으세요.

01 $14 \times 3 = 42$

$0.14 \times 3 = \square$

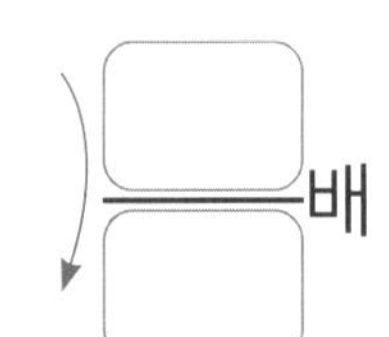

$\frac{\square}{\square}$배

02 $23 \times 5 = 115$

$0.23 \times 5 = \square$

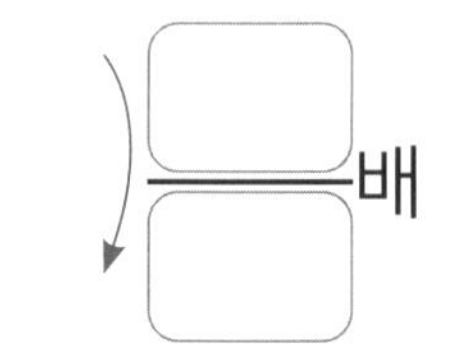

$\frac{\square}{\square}$배

03 $17 \times 4 = 68$

$1.7 \times 4 = \square$

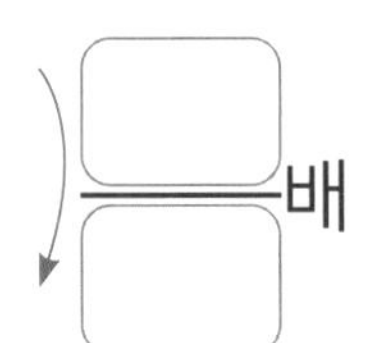

$\frac{\square}{\square}$배

04 $6 \times 16 = 96$

$0.06 \times 16 = \square$

$\frac{\square}{\square}$배

(소수)×(자연수)는 분수의 곱셈으로 바꾸어 이해할 수 있습니다.

$0.4 \times 3 = \frac{4}{10} \times 3 = \frac{4 \times 3}{10} = \frac{12}{10} = 1.2$

빈칸에 알맞은 수를 써넣으세요.

05 $0.32 \times 9 = \frac{\square}{\square} \times \square = \frac{\square}{\square} = \square$

06 $4.11 \times 6 = \frac{\square}{\square} \times \square = \frac{\square}{\square} = \square$

계산하세요.

01 $1.5\times6=$

02 $2.9\times4=$

03 $0.12\times3=$

04 $0.31\times5=$

05 $2.3\times4=$

06 $0.7\times8=$

07 $0.27\times2=$

08 $1.04\times3=$

09 $0.2\times26=$

10 $4.1\times8=$

11 $2.5\times8=$

12 $1.5\times9=$

13 $4.7\times5=$

14 $0.9\times16=$

15 $0.13\times6=$

16 $0.23\times7=$

(자연수)×(소수)

22 A (자연수)×(소수)=(소수)×(자연수)

곱셈은 두 수의 위치를 바꾸어도 계산 결과가 같기 때문에
(자연수)×(소수)는 (소수)×(자연수)와 같습니다.

$3\times0.21=0.21\times3=0.63$

$3\times0.21=0.63$

			3
×	0.	2	1
	0.	6	3

계산하세요.

곱하는 것도 중요하지만
소수점을 잘 찍어주는 것도 중요해!

01 29×2.1

02 2×3.7

03 16×0.3

04 42×0.5

05 23×1.9

06 37×1.2

07 17×0.16

08 32×1.07

09 9×4.64

10 28×1.27

11 14×0.09

12 31×2.06

계산하세요.

01 $10 \times 0.76=$

02 $19 \times 0.16=$

03 $26 \times 4.6=$

04 $12 \times 2.4=$

05 $0.12 \times 26=$

06 $0.37 \times 9=$

07 $12 \times 1.6=$

08 $27 \times 0.7=$

09 $35 \times 0.23=$

10 $15 \times 0.49=$

11 $0.7 \times 44=$

12 $4.6 \times 32=$

13 $4 \times 0.17=$

14 $48 \times 0.14=$

15 $17 \times 4.8=$

16 $31 \times 2.2=$

22 B (자연수)×(소수)

자연수로 생각하여 계산하되 소수점을 빠트리면 안 돼요

계산하세요.

01 34×0.9

02 18×3.1

03 42×3.2

04 16×2.1

05 49×0.6

06 13×2.9

07 42×0.58

08 55×0.14

09 6×0.3

10 8×1.39

11 43×0.12

12 2×2.28

13 3×3.39

14 7×0.05

15 27×0.24

계산하세요.

01 $40\times1.8=$

02 $51\times2.3=$

03 $7\times0.59=$

04 $15\times0.09=$

05 $32\times0.6=$

06 $2.1\times48=$

07 $0.22\times9=$

08 $29\times0.03=$

09 $3\times0.7=$

10 $46\times3.5=$

11 $3\times0.43=$

12 $1.26\times5=$

13 $2.8\times32=$

14 $58\times0.9=$

15 $6\times0.38=$

16 $8\times4.25=$

(소수)×(소수) 세로셈

23 A 소수가 있는 곱셈은 계산 방법이 모두 같아요

다음은 소수의 곱셈을 세로셈으로 계산하는 방법입니다.

① 소수를 자연수로 생각하여 곱합니다.
② 각 소수의 소수점 아래 자리 수를 세어 더합니다.
③ 곱한 값에 ②번에서 더한 수 만큼 뒤에서 세어 소수점을 찍습니다.
④ 만약 소수점 아래 마지막 자리에 0이 있다면 생략합니다.

	0	1	2	하나, 둘
×		0	3	하나
0	0	3	6	하나, 둘, 셋

1.5×0.2=0.3

	1	5
×	0	2
0	3	~~0~~

소수점 맨 뒤 0은 쓰지 않아!

소수점을 찍고 0을 추가하거나 지워 계산 결과를 올바르게 고치세요.

	1	0	5
×		0	2
0	2	1	~~0~~

1.05는 두 칸, 0.2는 한 칸! 합해서 총 세 칸이니까 뒤에서 앞으로 세 칸 가서 소수점을 콕 찍어줘!

01

	1	5
×	0	8
1	2	0

02

	2	9
×	1	1
3	1	9

03

	3	4
×	0	4
1	3	6

04

	0	4	9
×		0	2
		9	8

05

		2	7
×	0	2	6
	7	0	2

06

		0	3
×	0	6	5
	1	9	5

07

	0	3	7
×		1	3
	4	8	1

08

	0	3
×	5	9
1	7	7

09

	4	4
×	0	4
1	7	6

10

	0	2	5
×		2	8
	7	0	0

11

	3	9
×	0	6
2	3	4

12

	0	2	7
×		0	3
		8	1

13

	0	0	6
×		4	2
	2	5	2

14

	1	7
×	3	7
6	2	9

세로셈으로 계산하세요.

01 4.32×1.6

02 74.4×0.8

03 1.21×1.9

04 34.5×0.24

05 10.7×2.1

06 24.3×0.19

07 20.6×1.7

08 0.46×3.3

09 19.4×0.07

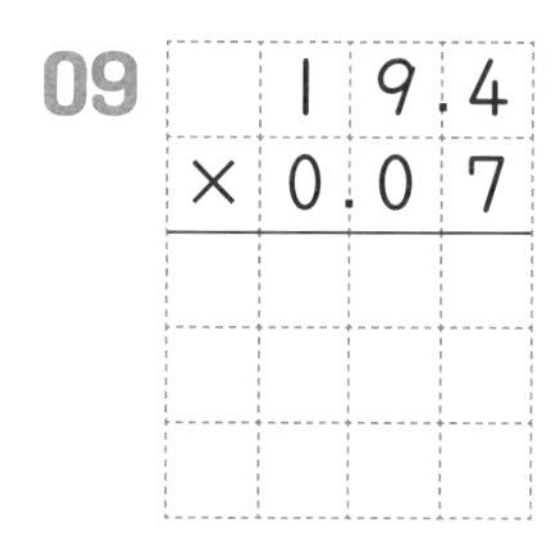

10 44.9×0.15

11 2.02×4.1

12 34.2×1.5

13 33.9×1.6

14 11.6×7.1

15 13.9×0.46

(소수)×(소수) 세로셈

23 B 자연수로 생각해 곱하고 소수점을 찍어요

세로셈으로 계산하세요.

01

$$\begin{array}{r} 4.25 \\ \times \quad 1.6 \\ \hline \end{array}$$

02

$$\begin{array}{r} 24.3 \\ \times \quad 4.1 \\ \hline \end{array}$$

03

$$\begin{array}{r} 21.9 \\ \times \quad 0.39 \\ \hline \end{array}$$

04

$$\begin{array}{r} 31.6 \\ \times \quad 2.8 \\ \hline \end{array}$$

05

$$\begin{array}{r} 0.48 \\ \times \quad 1.7 \\ \hline \end{array}$$

06

$$\begin{array}{r} 3.2 \\ \times \quad 0.17 \\ \hline \end{array}$$

07

$$\begin{array}{r} 4.33 \\ \times \quad 0.6 \\ \hline \end{array}$$

08

$$\begin{array}{r} 20.7 \\ \times \quad 1.7 \\ \hline \end{array}$$

09

$$\begin{array}{r} 32.8 \\ \times \quad 0.23 \\ \hline \end{array}$$

10

$$\begin{array}{r} 3.46 \\ \times \quad 2.8 \\ \hline \end{array}$$

11

$$\begin{array}{r} 14.8 \\ \times \quad 0.5 \\ \hline \end{array}$$

12

$$\begin{array}{r} 0.32 \\ \times \quad 3.7 \\ \hline \end{array}$$

13

$$\begin{array}{r} 52.5 \\ \times \quad 1.1 \\ \hline \end{array}$$

14

$$\begin{array}{r} 33.2 \\ \times \quad 1.9 \\ \hline \end{array}$$

15

$$\begin{array}{r} 23.8 \\ \times \quad 0.37 \\ \hline \end{array}$$

세로셈으로 계산하세요.

01

	4	.2	6
×		0	.4

02

	3	2	.3
×	0	.1	6

03

	1	8	.6
×		3	.4

04

	7	2	.6
×		1	.3

05

	3	3	.5
×		1	.4

06

	3	6	.1
×	0	.0	7

07

	4	4	.8
×	0	.1	5

08

		2	.2
×	0	.3	4

09

	2	3	.6
×		3	.5

10

	0	.3	6
×		1	.7

11

	3	.1	4
×		2	.9

12

	1	8	.2
×		3	.4

13

	3	1	.1
×	0	.2	7

14

	2	.9	7
×		2	.7

15

	3	0	.7
×		2	.3

24 A (소수)×(소수) 이해
자연수가 $\frac{1}{\square}$배 되었다고 생각할 수 있어요

소수의 곱셈은 자연수의 곱셈으로 바꾸어 이해할 수 있습니다.

$6 \times 4 = 24$

$\frac{1}{10}$배, $\frac{1}{10}$배, $\frac{1}{100}$배

$0.6 \times 0.4 = 0.24$

6과 4 둘 다 $\frac{1}{10}$배 되었으니까 계산 결과는 $\frac{1}{100}$배 되었네!

빈칸에 알맞은 수를 써넣으세요.

$8 \times 6 = 48$

$0.8 \times 0.06 = 0.048$ ($\frac{1}{1000}$배)

01 $9 \times 4 = 36$

$0.9 \times 0.4 =$ ☐ ($\frac{☐}{☐}$배)

02 $4 \times 7 = 28$

$0.4 \times 0.07 =$ ☐ ($\frac{☐}{☐}$배)

03 $11 \times 3 = 33$

$1.1 \times 0.3 =$ ☐ ($\frac{☐}{☐}$배)

04 $8 \times 8 = 64$

$0.08 \times 0.8 =$ ☐ ($\frac{☐}{☐}$배)

05 $29 \times 2 = 58$

$0.29 \times 0.2 =$ ☐ ($\frac{☐}{☐}$배)

06 $15 \times 4 = 60$

$0.15 \times 0.4 =$ ☐ ($\frac{☐}{☐}$배)

07 $2 \times 9 = 18$

$0.02 \times 0.9 =$ ☐ ($\frac{☐}{☐}$배)

08 $6 \times 5 = 30$

$0.6 \times 0.5 =$ ☐ ($\frac{☐}{☐}$배)

09 $5 \times 3 = 15$

$0.05 \times 0.3 =$ ☐ ($\frac{☐}{☐}$배)

계산하세요.

$$\begin{array}{ccc} 0.2 \times 0.6 & = & 0.12 \\ \uparrow \tfrac{1}{10}\text{배} \ \ \uparrow \tfrac{1}{10}\text{배} & & \uparrow \tfrac{1}{100}\text{배} \\ 2 \times 6 & = & 12 \end{array}$$

01 $0.12 \times 0.02 =$

02 $0.08 \times 0.2 =$

03 $0.33 \times 0.3 =$

04 $1.5 \times 0.3 =$

05 $0.05 \times 0.9 =$

06 $0.21 \times 0.3 =$

07 $0.4 \times 0.5 =$

08 $0.5 \times 0.07 =$

09 $0.7 \times 0.13 =$

10 $0.11 \times 0.03 =$

11 $0.4 \times 0.12 =$

12 $0.8 \times 0.4 =$

13 $0.06 \times 0.6 =$

14 $0.3 \times 0.18 =$

15 $0.4 \times 1.6 =$

24 B (소수)×(소수) 이해

소수는 분수로 바꾸어 생각할 수 있어요

소수의 곱셈은 분수의 곱셈으로 바꾸어 이해할 수 있습니다.

$$0.6\times0.4=\frac{6}{10}\times\frac{4}{10}=\frac{6\times4}{10\times10}=\frac{24}{100}=0.24$$

0.1은 $\frac{1}{10}$, 0.01은 $\frac{1}{100}$, 0.001은 $\frac{1}{1000}$!

빈칸에 알맞은 수를 써넣으세요.

분수로 바꿔 계산할 때는
서로 약분하지 않아!

01 $0.09\times1.2=\frac{\square}{\square}\times\frac{\square}{\square}=\frac{\square}{\square}=\square$

02 $0.4\times0.6=\frac{\square}{\square}\times\frac{\square}{\square}=\frac{\square}{\square}=\square$

03 $1.8\times0.3=\frac{\square}{\square}\times\frac{\square}{\square}=\frac{\square}{\square}=\square$

04 $2.4\times0.02=\frac{\square}{\square}\times\frac{\square}{\square}=\frac{\square}{\square}=\square$

05 $0.5\times0.16=\frac{\square}{\square}\times\frac{\square}{\square}=\frac{\square}{\square}=\square$

06 $3.8\times0.02=\frac{\square}{\square}\times\frac{\square}{\square}=\frac{\square}{\square}=\square$

계산하세요.

수가 크면 세로셈,
수가 작으면 가로셈이 편리해!

$0.2 \times 6.4 = 1.28$

$\frac{2}{10} \times \frac{64}{10} = \frac{128}{100}$

01 $0.3 \times 1.5 =$

02 $0.4 \times 0.12 =$

03 $0.9 \times 0.4 =$

04 $0.07 \times 0.8 =$

05 $1.3 \times 0.3 =$

06 $1.2 \times 0.06 =$

07 $0.5 \times 0.15 =$

08 $0.4 \times 0.18 =$

09 $0.03 \times 0.4 =$

10 $0.6 \times 2.1 =$

11 $1.1 \times 0.5 =$

12 $0.8 \times 0.6 =$

13 $0.06 \times 1.3 =$

14 $1.6 \times 0.03 =$

15 $0.17 \times 0.5 =$

3 PART

세로셈을 할 때에는 자리가 흐트러지지 않도록 주의해요

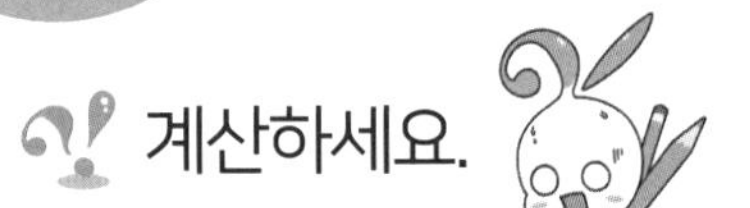

계산하세요.

자리를 잘 맞춰서
계산해야 해!

01
$$\begin{array}{r} 0.73 \\ \times \quad 1.5 \\ \hline \end{array}$$

02
$$\begin{array}{r} 14.7 \\ \times \quad 0.4 \\ \hline \end{array}$$

03
$$\begin{array}{r} 0.33 \\ \times \, 0.19 \\ \hline \end{array}$$

04
$$\begin{array}{r} 36.2 \\ \times \quad 2.5 \\ \hline \end{array}$$

05
$$\begin{array}{r} 33.1 \\ \times \quad 1.8 \\ \hline \end{array}$$

06
$$\begin{array}{r} 4.13 \\ \times \quad 2.3 \\ \hline \end{array}$$

07
$$\begin{array}{r} 31.6 \\ \times \quad 2.7 \\ \hline \end{array}$$

08
$$\begin{array}{r} 4.05 \\ \times \quad 4.4 \\ \hline \end{array}$$

09
$$\begin{array}{r} 4.71 \\ \times \, 0.03 \\ \hline \end{array}$$

10
$$\begin{array}{r} 11.8 \\ \times \quad 3.1 \\ \hline \end{array}$$

11
$$\begin{array}{r} 0.74 \\ \times \quad 1.5 \\ \hline \end{array}$$

12
$$\begin{array}{r} 0.47 \\ \times \quad 3.9 \\ \hline \end{array}$$

13
$$\begin{array}{r} 23.9 \\ \times \, 0.17 \\ \hline \end{array}$$

14
$$\begin{array}{r} 4.24 \\ \times \, 0.23 \\ \hline \end{array}$$

15
$$\begin{array}{r} 31.1 \\ \times \quad 2.9 \\ \hline \end{array}$$

공부한 날 : 월 일

계산하세요.

01 0.8×27.4

02 2.9×1.5

03 1.03×3.2

04 2.8×4.7

05 24.1×0.13

06 4.31×0.22

07 9.4×0.48

08 4.7×12.5

09 3.41×0.6

10 1.12×0.43

11 39.1×1.7

12 35.9×0.09

13 17.4×5.7

14 1.39×0.08

15 1.6×0.38

3 PART

25 B (소수)×(소수) 연습

여기까지가 소수의 곱셈의 핵심! 배운 걸 잘 기억하며 따라와요!

계산하세요.

01 0.12 × 0.11 =

02 3.2 × 2.6 =

03 0.04 × 0.37 =

04 0.28 × 0.12 =

05 0.44 × 4.8 =

06 2.3 × 0.36 =

07 3.5 × 3.81 =

08 3.25 × 0.27 =

09 17.3 × 0.4 =

10 0.34 × 3.2 =

11 4.33 × 2.9 =

12 4.94 × 0.5 =

13 12.8 × 3.6 =

14 40.9 × 0.15 =

계산하세요.

소수의 곱셈의 핵심은
자연수로 생각해서 곱하고,
자리 수대로 소수점을 콕!

01 $2.6 \times 0.4 =$

02 $3.5 \times 1.4 =$

03 $3.2 \times 0.33 =$

04 $1.07 \times 0.5 =$

05 $0.38 \times 0.12 =$

06 $0.11 \times 0.08 =$

07 $3.2 \times 0.29 =$

08 $3.81 \times 6.4 =$

09 $8.2 \times 5.3 =$

10 $22.3 \times 0.7 =$

11 $0.26 \times 0.59 =$

12 $35.8 \times 2.3 =$

13 $28.3 \times 0.2 =$

14 $0.34 \times 0.15 =$

26 A 소수점의 위치
수의 크기가 커지거나 작아지면 소수점이 좌우로 움직여요

곱하는 수가 10배 되면 곱의 소수점이 오른쪽으로 한 칸 움직이고, 곱하는 수가 $\frac{1}{10}$배 되면 곱의 소수점이 왼쪽으로 한 칸 움직입니다.

$4.68 \times 1 = 4.68$

$4.68 \times 10 = 46.8$ (10배, 오른쪽으로 하나)

$4.68 \times 100 = 468$ (100배, 오른쪽으로 하나, 둘)

$4.68 \times 1000 = 4680$ (1000배, 오른쪽으로 하나, 둘, 셋)

$4680 \times 1 = 4680$

$4680 \times 0.1 = 468$ ($\frac{1}{10}$배, 왼쪽으로 하나)

$4680 \times 0.01 = 46.8$ ($\frac{1}{100}$배, 왼쪽으로 하나, 둘)

$4680 \times 0.001 = 4.68$ ($\frac{1}{1000}$배, 왼쪽으로 하나, 둘, 셋)

주어진 곱셈식을 이용하여 빈칸에 알맞은 수를 써넣으세요.

커지면 오른쪽,
작아지면 왼쪽!

$1.4 \times 9 = 12.6$

$0.014 \times 9 = 0.126$ ($\frac{1}{100}$배, 왼쪽으로 하나, 둘)

$1.4 \times 900 = 1260$ (100배, 오른쪽으로 하나, 둘)

01 $25 \times 0.7 = 17.5$

$250 \times 0.7 = \square$

$25 \times 70 = \square$

02 $4.6 \times 4 = 18.4$

$0.46 \times 4 = \square$

$4.6 \times 400 = \square$

03 $31 \times 0.8 = 24.8$

$3100 \times 0.8 = \square$

$31 \times 0.08 = \square$

04 $0.3 \times 39 = 11.7$

$0.003 \times 39 = \square$

$0.3 \times 390 = \square$

05 $24 \times 1.6 = 38.4$

$2400 \times 1.6 = \square$

$24 \times 0.16 = \square$

빈칸에 알맞은 수를 써넣으세요.

식 하나만 계산해도 나머지를 알 수 있어!

01
$0.206 \times 13 = \square$
$2.06 \times 13 = \square$
$0.206 \times 1300 = \square$

02
$0.36 \times 54 = \square$
$3.6 \times 54 = \square$
$0.36 \times 540 = \square$

03
$0.09 \times 37 = \square$
$0.09 \times 370 = \square$
$0.9 \times 37 = \square$

04
$5.07 \times 18 = \square$
$50.7 \times 18 = \square$
$5.07 \times 1800 = \square$

05
$16.4 \times 15 = \square$
$16.4 \times 150 = \square$
$0.164 \times 15 = \square$

06
$0.51 \times 41 = \square$
$5.1 \times 41 = \square$
$0.51 \times 4100 = \square$

07
$3.2 \times 13 = \square$
$0.032 \times 13 = \square$
$3.2 \times 130 = \square$

08
$0.095 \times 24 = \square$
$0.95 \times 24 = \square$
$0.095 \times 240 = \square$

09
$0.55 \times 28 = \square$
$0.55 \times 280 = \square$
$0.055 \times 28 = \square$

10
$1.49 \times 32 = \square$
$1.49 \times 3200 = \square$
$14.9 \times 32 = \square$

소수점의 위치

26 B 두 소수의 소수점 아래 자리 수를 세어 주기만 하면 돼요

소수의 곱셈에서 소수점을 찍는 방법입니다.

① 각 소수의 소수점 아래 자리 수를 세어 더합니다.
② 더한 자리 수만큼 뒤에서 세어 소수점을 찍습니다.

$34\times6=204$
$0.34\times0.6=0.204$
하나, 둘 / 하나 / 하나, 둘, 셋
$3.4\times0.006=0.0204$
하나 / 하나, 둘, 셋 / 하나, 둘, 셋, 넷

주어진 곱셈식을 이용하여 빈칸에 알맞은 수를 써넣으세요.

$18\times21=378$
$1.8\times0.21=0.378$
하나 / 하나, 둘 / 하나, 둘, 셋
$0.018\times2.1=0.0378$
하나, 둘, 셋 / 하나 / 하나, 둘, 셋, 넷

01 $41\times17=697$

$0.41\times1.7=$ ☐

$4.1\times1.7=$ ☐

02 $46\times8=368$

$4.6\times0.008=$ ☐

$0.46\times0.8=$ ☐

03 $32\times28=896$

$0.32\times0.28=$ ☐

$3.2\times0.28=$ ☐

04 $41\times37=1517$

$0.41\times0.37=$ ☐

$4.1\times0.037=$ ☐

05 $36\times29=1044$

$0.36\times2.9=$ ☐

$0.036\times2.9=$ ☐

06 $33\times53=1749$

$0.33\times5.3=$ ☐

$3.3\times5.3=$ ☐

07 $25\times46=1150$

$2.5\times4.6=$ ☐

$0.025\times4.6=$ ☐

주어진 곱셈식을 이용하여 빈칸에 알맞은 수를 써넣으세요.

곱의 소수점 위치는
두 소수의 소수점 위치에
따라 정해져!

$102 \times 64 = 6528$

$10.2 \times 0.064 = 0.6528$
하나 / 하나, 둘, 셋 / 하나, 둘, 셋, 넷

$10.2 \times 0.64 = 6.528$
하나 / 하나, 둘 / 하나, 둘, 셋

01 $24 \times 17 = 408$

$2.4 \times \square = 4.08$

$\square \times 0.17 = 0.0408$

02 $57 \times 34 = 1938$

$5.7 \times \square = 1.938$

$\square \times 0.34 = 0.1938$

03 $46 \times 48 = 2208$

$4.6 \times \square = 22.08$

$\square \times 4.8 = 2.208$

04 $59 \times 26 = 1534$

$0.59 \times \square = 1.534$

$\square \times 2.6 = 0.1534$

05 $33 \times 41 = 1353$

$3.3 \times \square = 0.1353$

$\square \times 0.41 = 0.1353$

06 $55 \times 49 = 2695$

$5.5 \times \square = 2.695$

$\square \times 0.49 = 0.2695$

07 $38 \times 31 = 1178$

$0.38 \times \square = 0.1178$

$\square \times 0.31 = 1.178$

08 $46 \times 14 = 644$

$0.046 \times \square = 0.0644$

$\square \times 1.4 = 0.644$

09 $218 \times 18 = 3924$

$2.18 \times \square = 3.924$

$\square \times 0.18 = 0.3924$

27 A 소수의 곱셈 연습 1

앞서 배운 모든 유형을 연습해 봐요

계산하세요.

자리를 잘 맞추어 계산해 보자!

01
$$\begin{array}{r} 56 \\ \times\ 1.4 \\ \hline \end{array}$$

02
$$\begin{array}{r} 0.5 \\ \times\ 28 \\ \hline \end{array}$$

03
$$\begin{array}{r} 53 \\ \times\ 2.9 \\ \hline \end{array}$$

04
$$\begin{array}{r} 3.1 \\ \times\ 38 \\ \hline \end{array}$$

05
$$\begin{array}{r} 4.5 \\ \times\ 3.9 \\ \hline \end{array}$$

06
$$\begin{array}{r} 5.7 \\ \times\ 2.1 \\ \hline \end{array}$$

07
$$\begin{array}{r} 21 \\ \times\ 0.17 \\ \hline \end{array}$$

08
$$\begin{array}{r} 0.3 \\ \times\ 0.27 \\ \hline \end{array}$$

09
$$\begin{array}{r} 0.54 \\ \times\ 0.19 \\ \hline \end{array}$$

10
$$\begin{array}{r} 0.39 \\ \times\ 2.4 \\ \hline \end{array}$$

11
$$\begin{array}{r} 0.43 \\ \times\ 16 \\ \hline \end{array}$$

12
$$\begin{array}{r} 23.4 \\ \times\ 1.4 \\ \hline \end{array}$$

13
$$\begin{array}{r} 0.28 \\ \times\ 0.48 \\ \hline \end{array}$$

14
$$\begin{array}{r} 23 \\ \times\ 0.44 \\ \hline \end{array}$$

15
$$\begin{array}{r} 3.52 \\ \times\ 2.9 \\ \hline \end{array}$$

계산하세요.

01 $4 \times 0.59 =$

02 $0.24 \times 4 =$

03 $17 \times 0.13 =$

04 $0.54 \times 37 =$

05 $3.9 \times 0.54 =$

06 $0.23 \times 3.3 =$

07 $2.7 \times 1.42 =$

08 $0.47 \times 0.9 =$

09 $5.18 \times 0.12 =$

10 $2.7 \times 0.31 =$

11 $5.2 \times 1.36 =$

12 $0.27 \times 5.1 =$

13 $5.85 \times 6 =$

14 $0.11 \times 5.82 =$

15 $4.14 \times 3.2 =$

16 $8 \times 4.27 =$

27 B 소수의 곱셈 연습 1
마지막 소수점을 찍을 때까지 집중!

계산하세요.

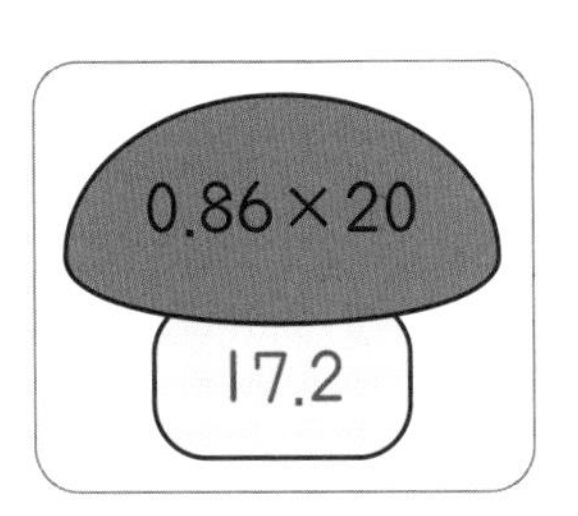

01 5×0.36

02
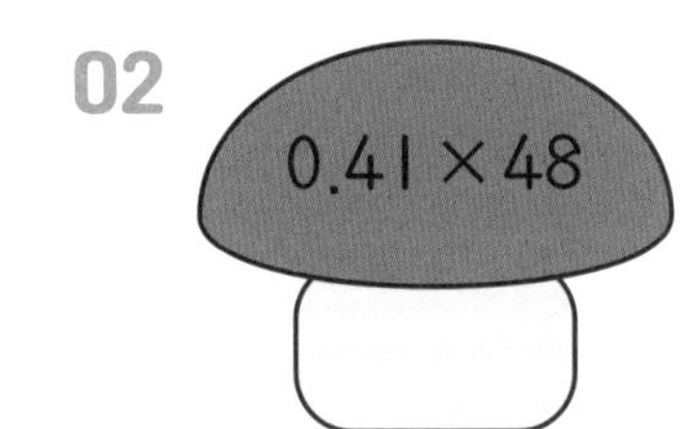

03
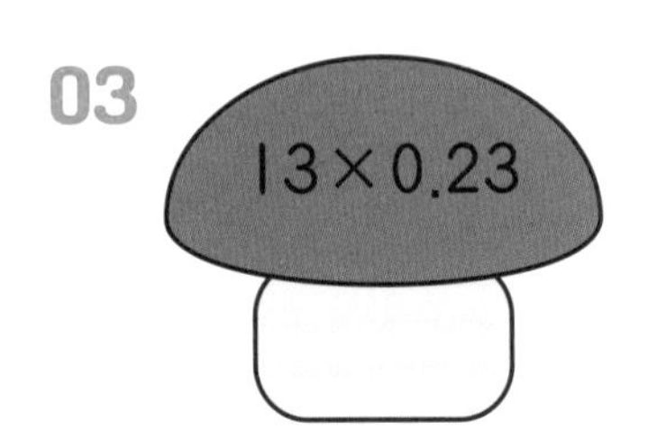

04 0.33×49

05
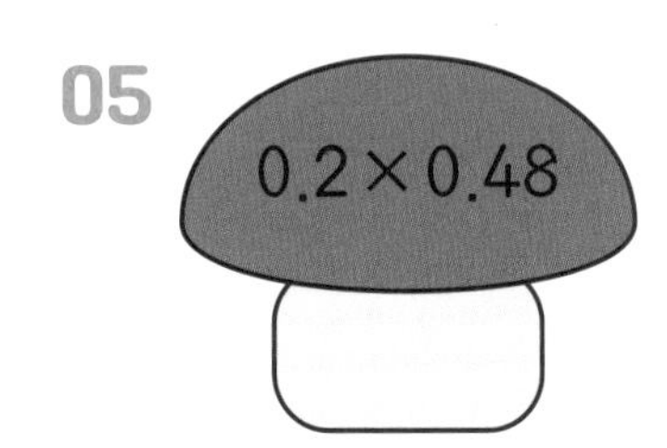

06 0.57×1.9

07 3.2×0.47

08
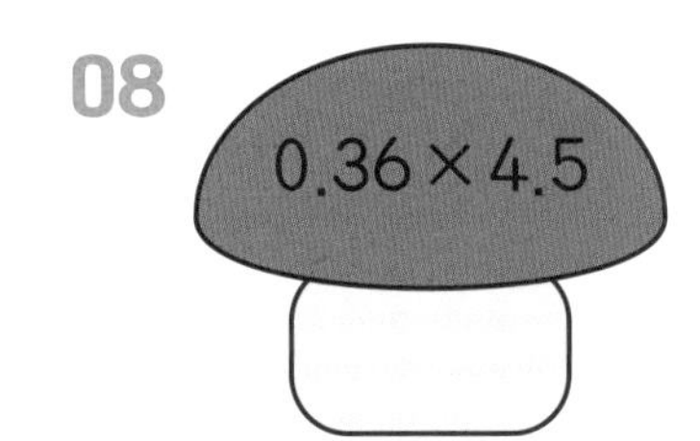

09 0.29×0.56

10 0.127×5.8

11 0.11×0.35

12 0.51×2.2

13 3.7×0.05

14 0.17×0.4

계산하세요.

소수점 위치만
틀려도 틀려...!

01 19×0.43

02
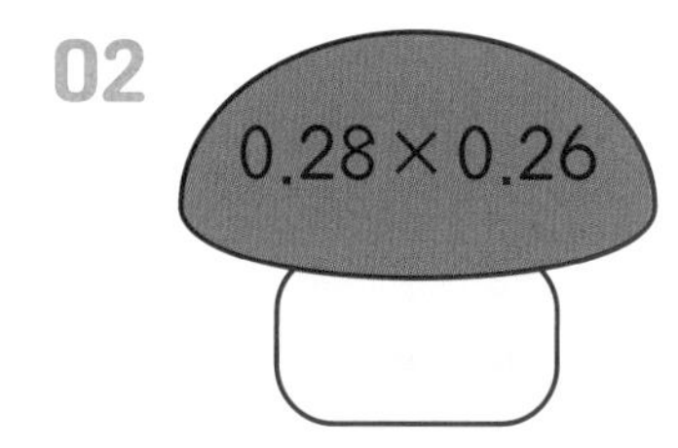

03
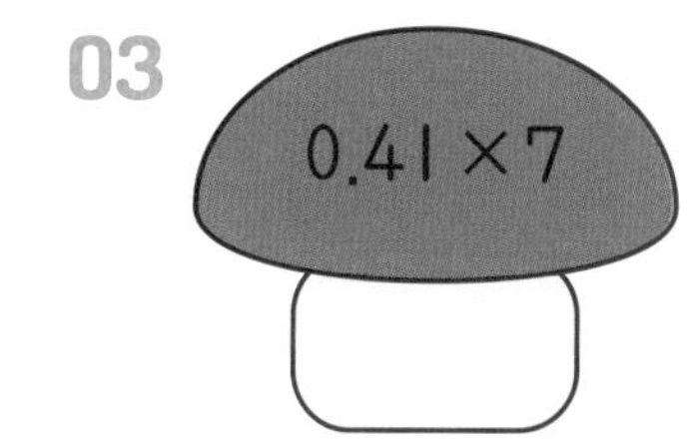

04 3×0.87

05 0.23×1.17

06
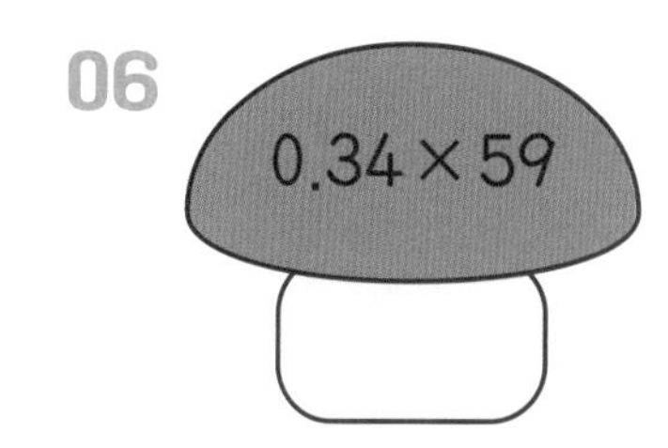

07 1.9×0.59

08
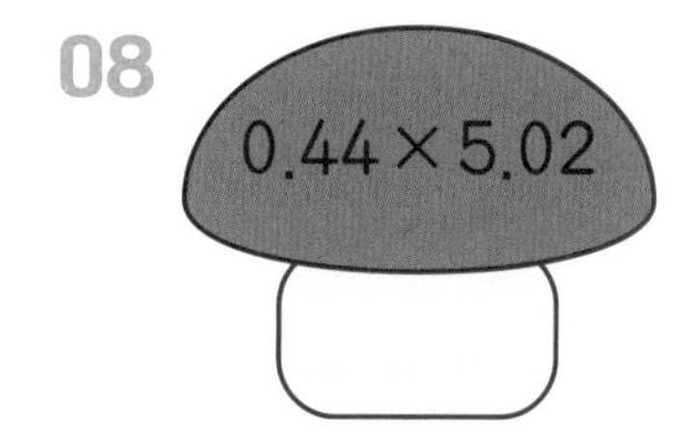

09
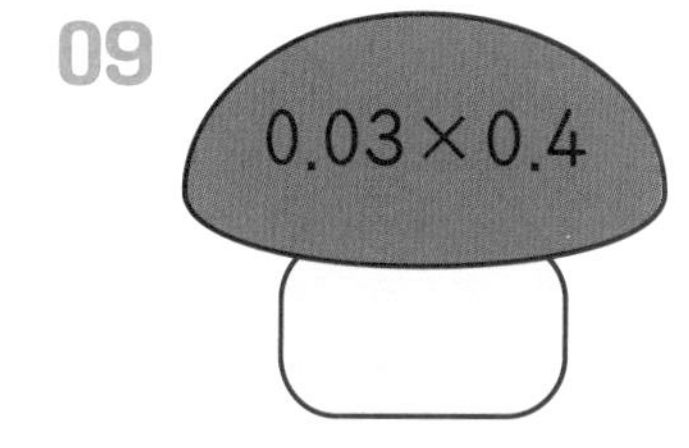

10 1.54×0.7

11 3.4×0.17

12
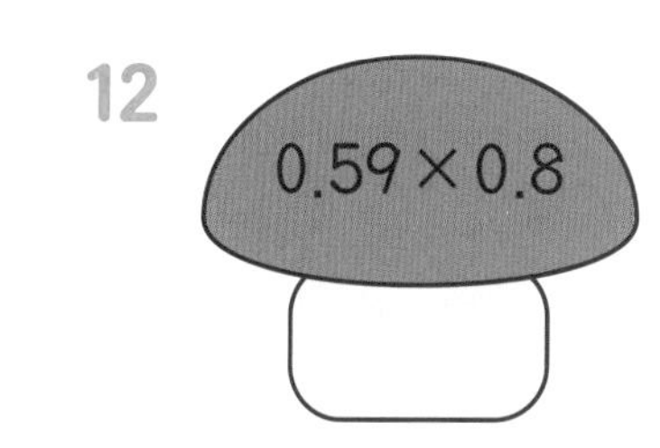

13 2.2×1.61

14 2.18×3.2

15 0.29×4.6

계산하는 방향에 주의해요

화살표 방향으로 [보기]와 같이 계산하여 빈칸에 알맞은 수를 써넣으세요.

[보기]

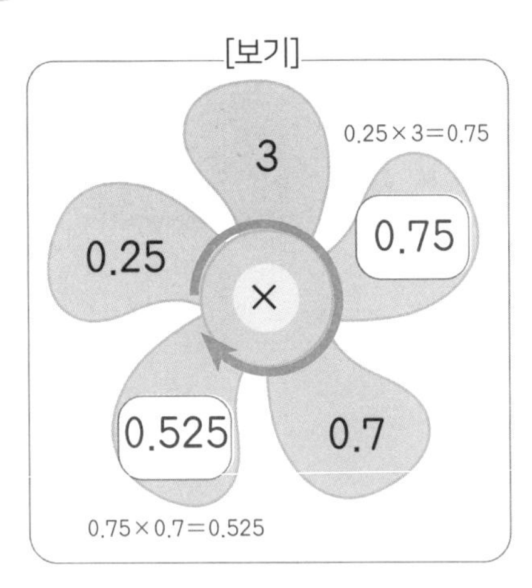

01

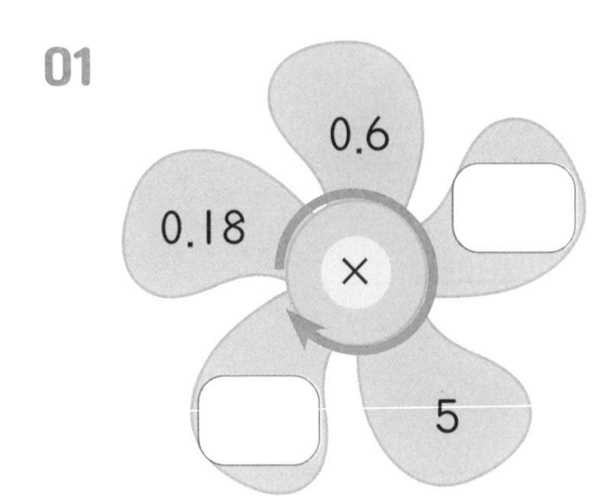

02

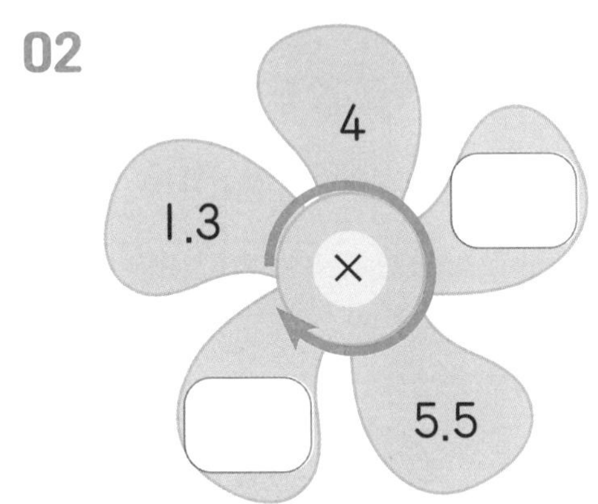

03

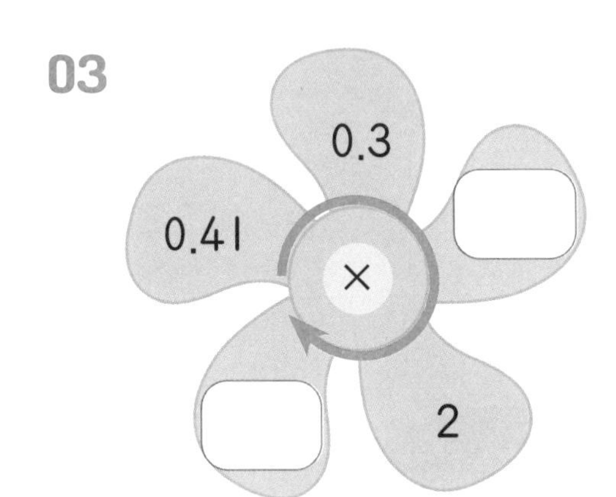

04

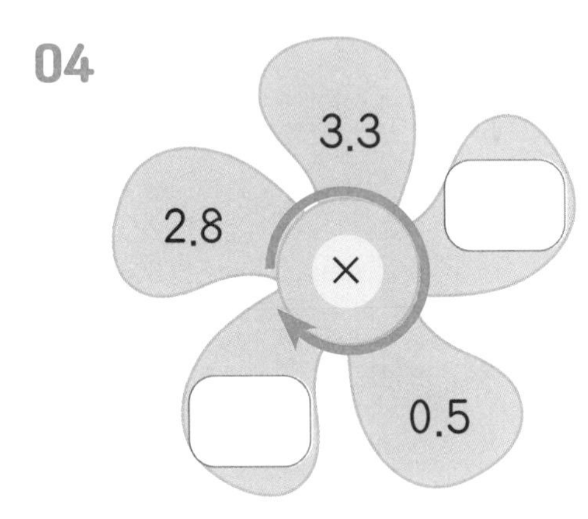

05

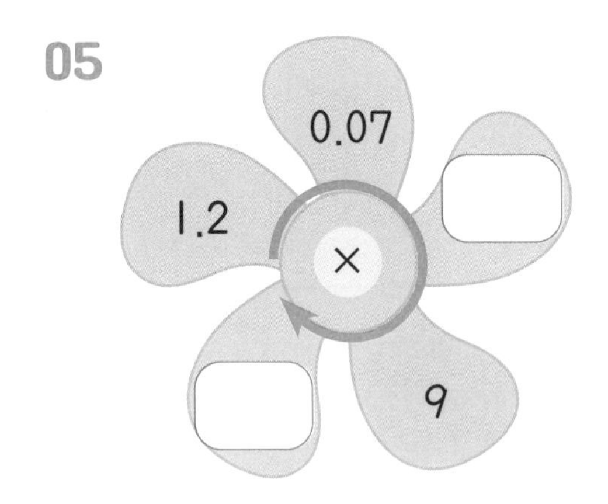

06

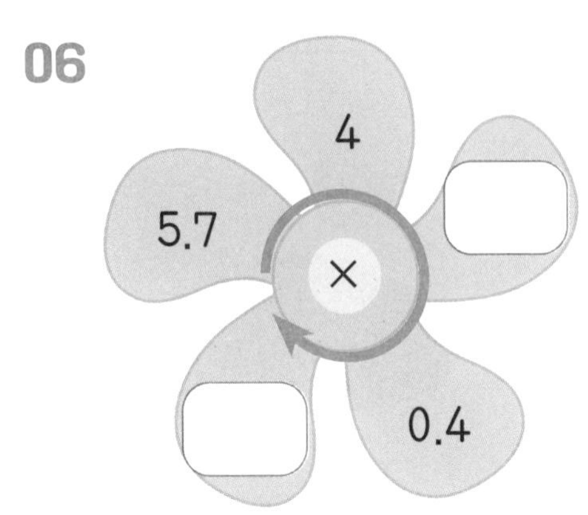

07

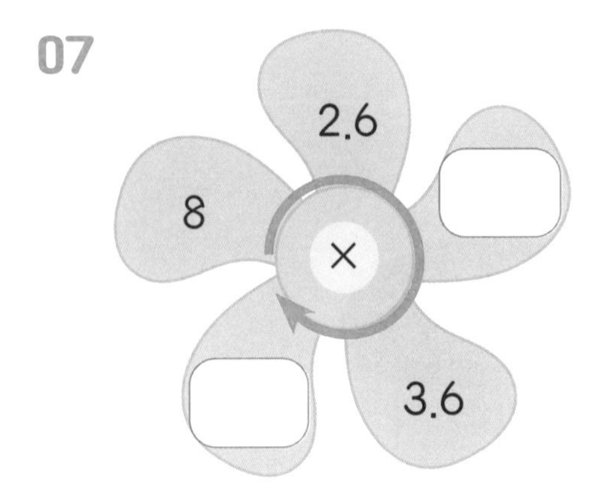

화살표 방향으로 [보기]와 같이 계산하여 빈칸에 알맞은 수를 써넣으세요.

[보기]

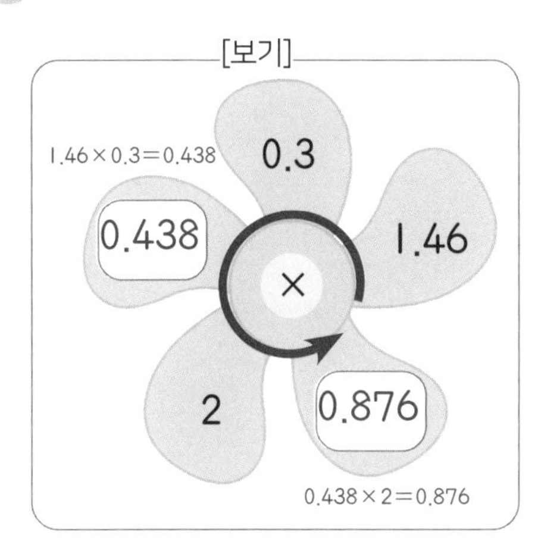

01

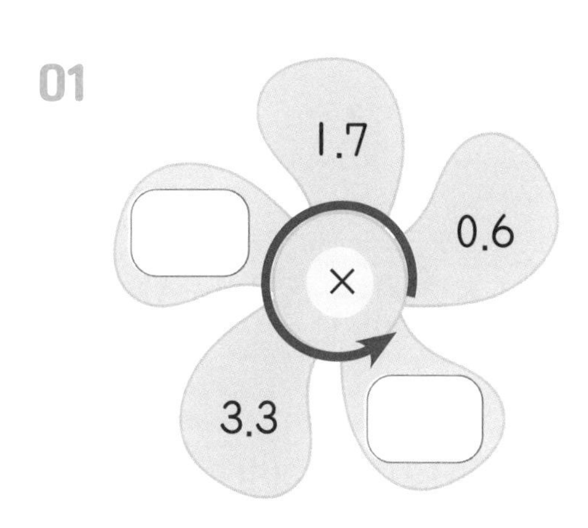

02

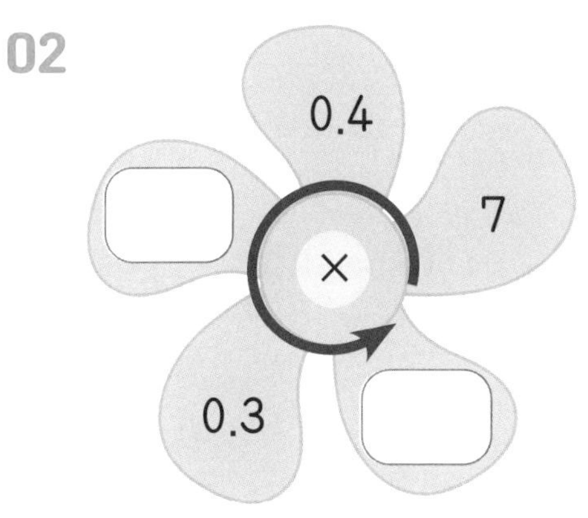

03

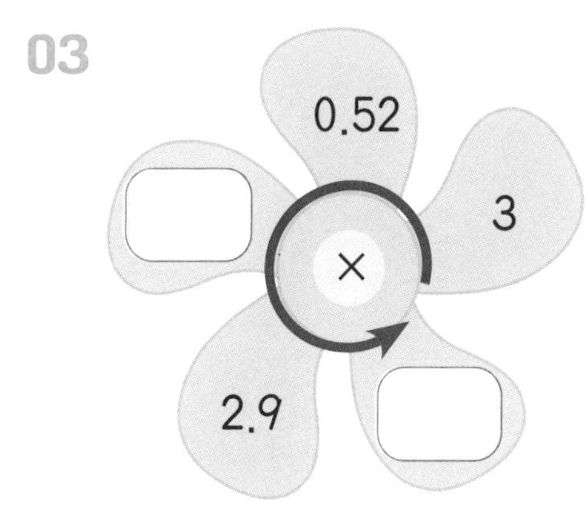

04

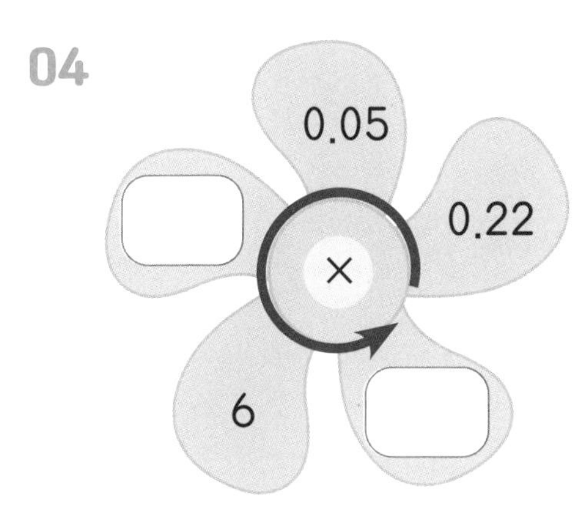

05

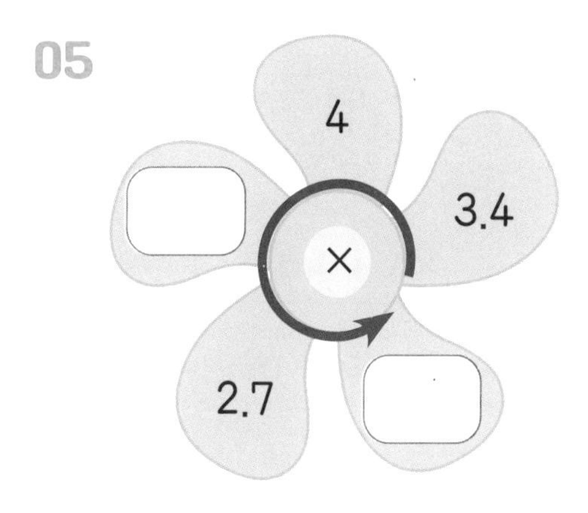

06

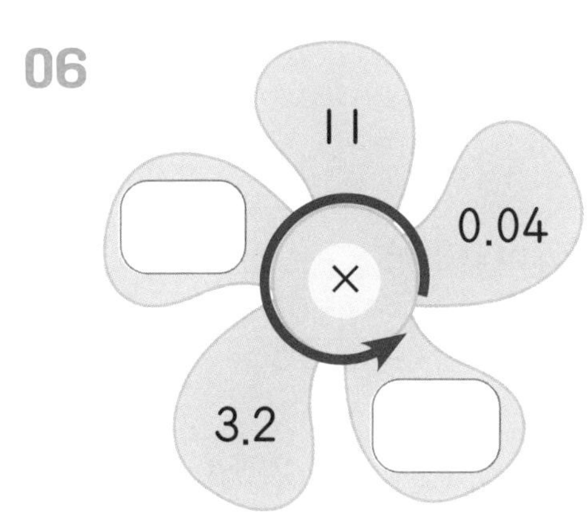

07

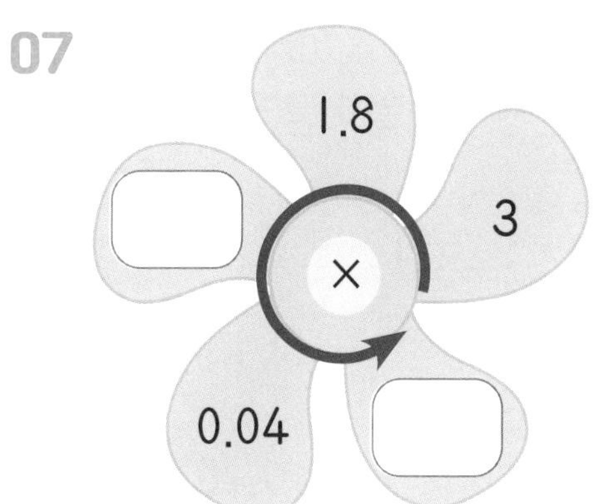

이런 문제를 다루어요

01 소수점을 찍고 0을 추가하거나 지워 계산 결과를 올바르게 고치세요.

$1510 \times 0.64 =$ 9 6 6 4 0

$0.514 \times 0.7 =$ 3 5 9 8

$7.81 \times 260 =$ 2 0 3 0 6 0

$0.024 \times 13.2 =$ 3 1 6 8

02 계산 결과가 같은 것끼리 이으세요.

소수점 자리만 봐도
알 수 있을 것 같은데?

1.15×6 •	• 11.5×6
1150×0.06 •	• 1.15×6000
11.5×600 •	• 115×0.06

03 직사각형의 넓이를 구하세요.

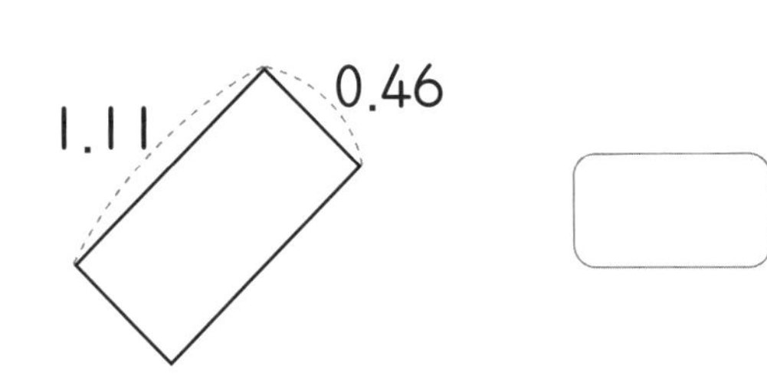

1.2
1.8

04 주어진 곱셈식을 이용하여 빈칸에 알맞은 수를 써넣으세요.

$48 \times 22 = 1056$

$4.8 \times \square = 10.56$

$\square \times 2.2 = 0.1056$

$19 \times 124 = 2356$

$0.19 \times \square = 2.356$

$\square \times 0.124 = 0.2356$

05 계산 결과가 다른 것을 찾아 ○표 하세요.

0.085의 10배	8.5×0.01	850의 0.001

06 색종이의 가로와 세로를 각각 1.4배 늘렸을 때 넓이를 구하세요.

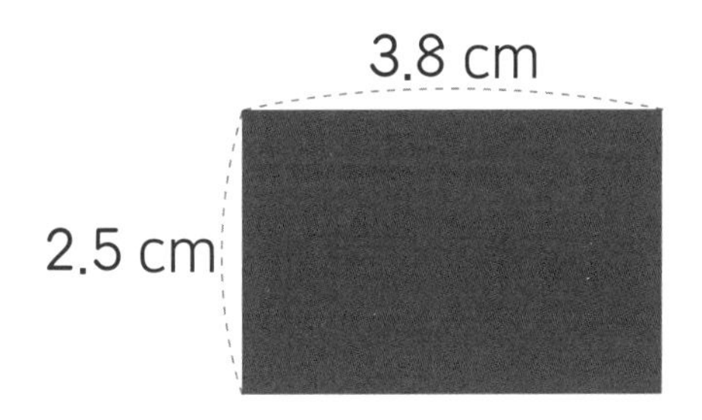

답 : ________ cm^2

07 2월에는 체리 나무의 키가 78 cm였는데 6개월 만에 2월달 키의 1.5배가 되었습니다. 현재 체리 나무의 키를 구하세요.

답 : ________ cm

08 하얀이의 몸무게는 43 kg입니다. 아버지의 몸무게는 하얀이의 몸무게의 1.8배이고, 어머니의 몸무게는 아버지의 몸무게의 0.7배입니다. 어머니의 몸무게를 구하세요.

답 : ________ kg

수도관이 지나는 자리는?

화장실에 아래와 같은 모양의 타일을 붙이려고 합니다. 화장실 바닥은 작은 정사각형 49개로 이루어져 있어서 타일을 붙이다 보면 마지막에 한자리가 남습니다. 그 자리에는 수도관이 지나가게 됩니다.

수도관이 지나갈 수 있는 자리는 ①번일까요? ②번일까요? 아니면 둘 다 가능할까요?

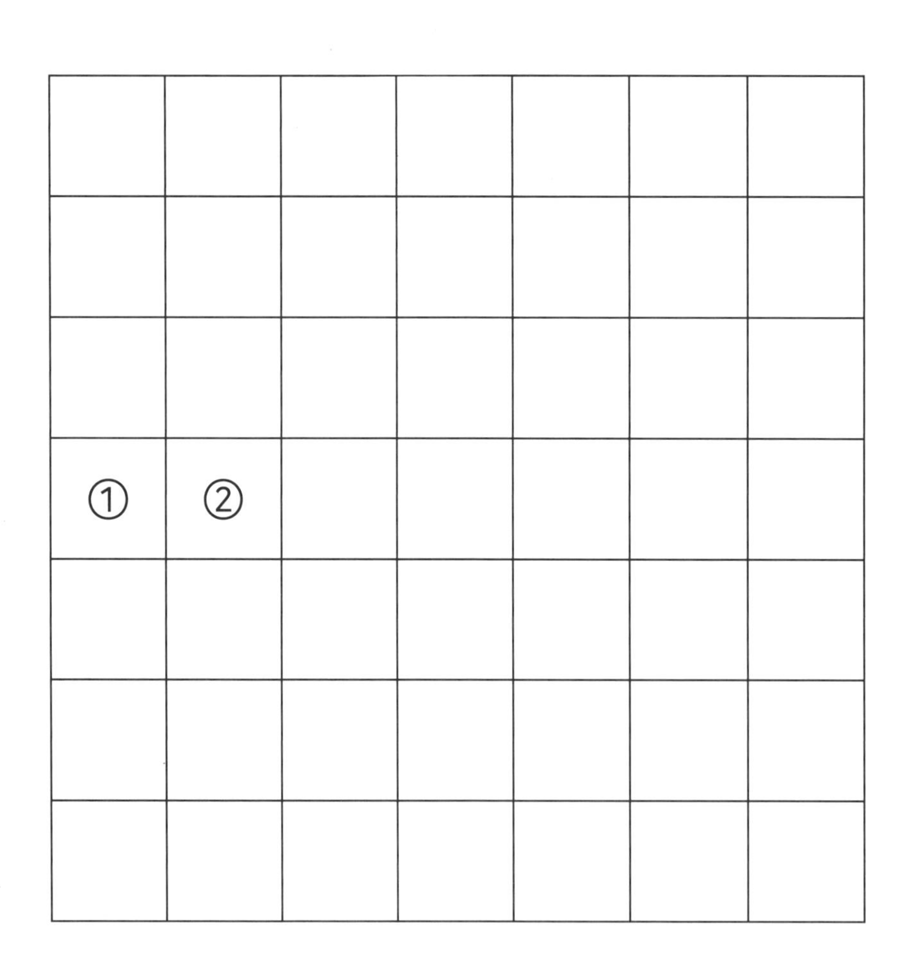

타일에 모양을 그린 다음
화장실 바닥에 붙여 볼까?

○	□

평균 구하기

차시별로 정답률을 확인하고, 성취도에 O표 하세요.

80% 이상 맞혔어요. 60% ~ 80% 맞혔어요. 60% 이하 맞혔어요.

차시	단원	성취도
29	(평균)=(자료 값의 합)÷(자료의 수)	
30	(자료 값의 합)=(평균)×(자료의 수)	
31	평균 연습 1	
32	평균 연습 2	

평균은 자료를 대표할 수 있는 값입니다.

(평균)=(자료 값의 합)÷(자료의 수)

29 A 평균은 자료를 대표할 수 있어요

평균은 자료 값들을 고르게 한 값으로 자료를 대표할 수 있습니다. 평균을 구할 때는 자료 값을 모두 더한 뒤, 자료의 수로 나누어 계산합니다.

(평균)=(자료 값의 합)÷(자료의 수)

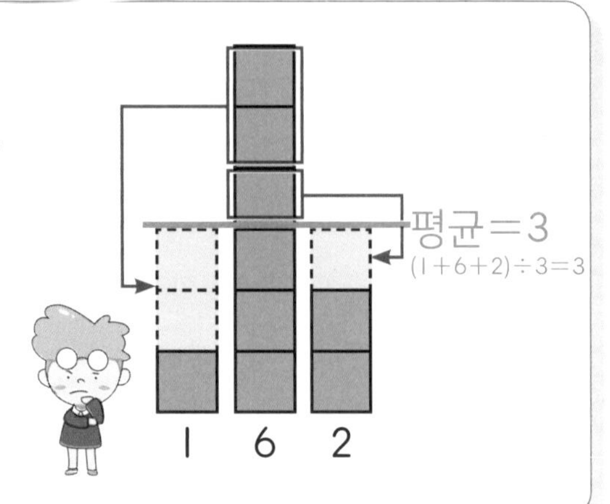

자료의 평균을 구하세요.

(예시) 11

15 13 10 6

15+13+10+6=44

44÷4=11

01

10 12 14 28

02

8 15 10 14 33

03

5 16 10 17 7

04

20 24 32 9 25

05

2 24 15 6 18

06

14 15 17 5 2 19

07

17 14 13 16 6 24

자료의 평균을 구하세요.

01

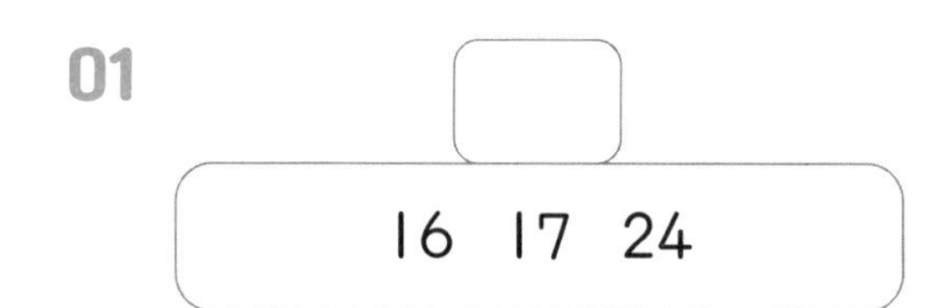

02

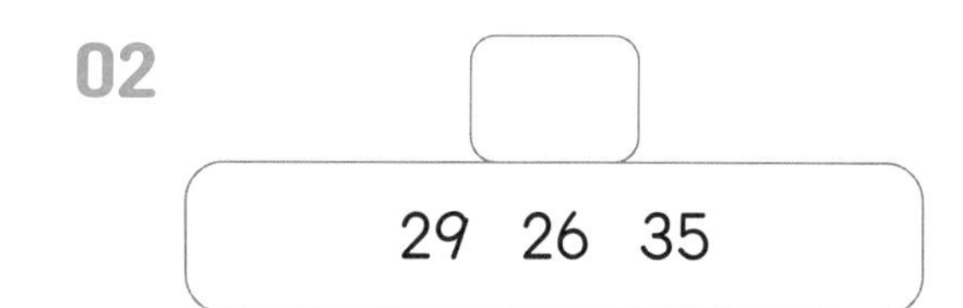

03

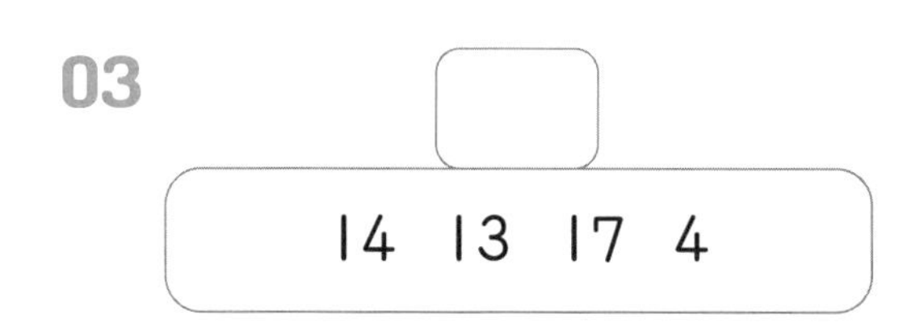

04

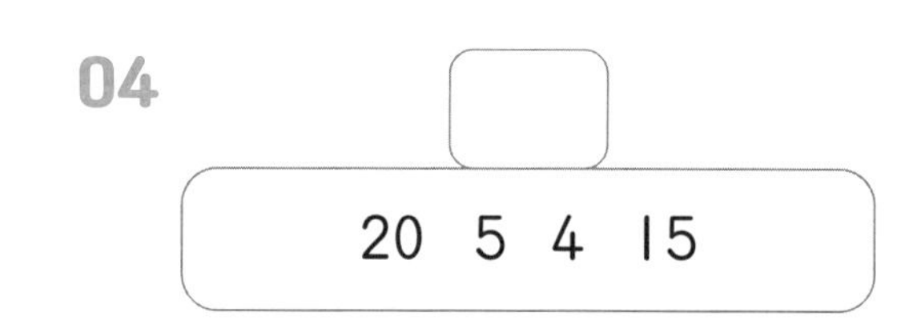

05

06

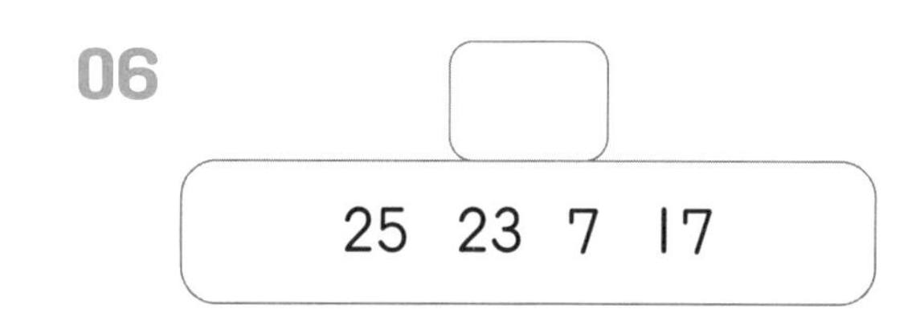

07

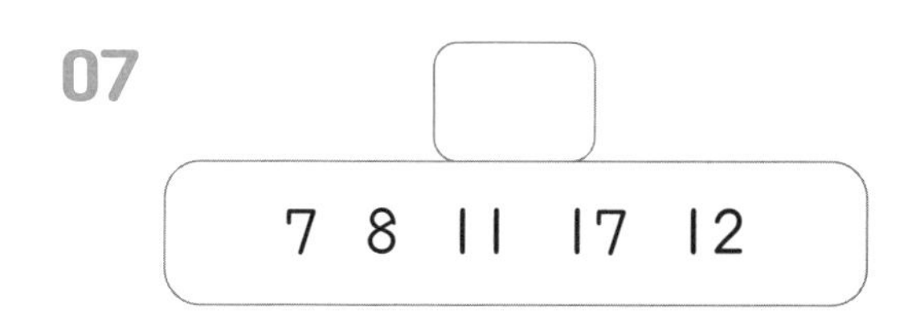

08

09

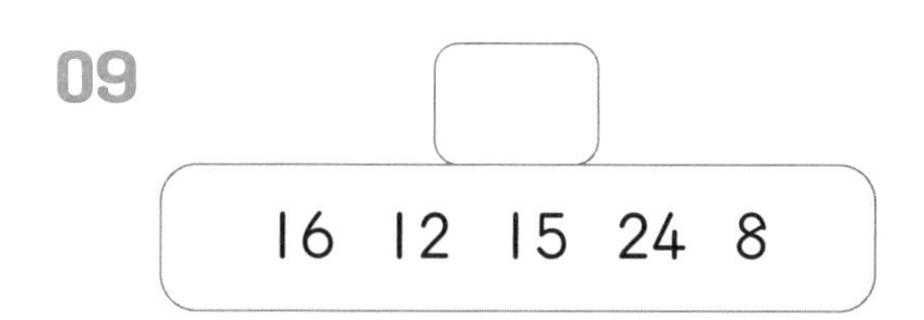

10

11

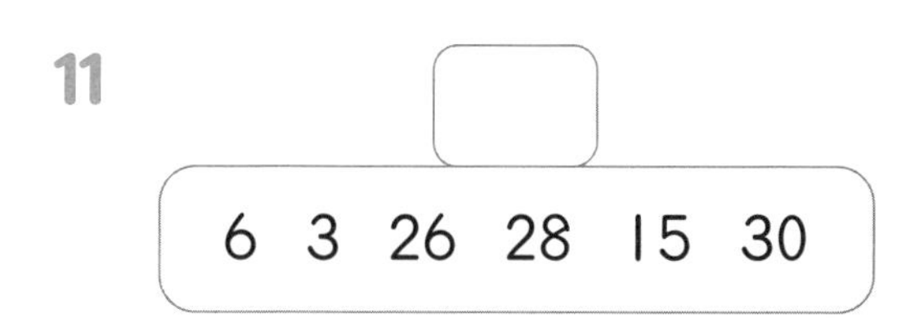

12

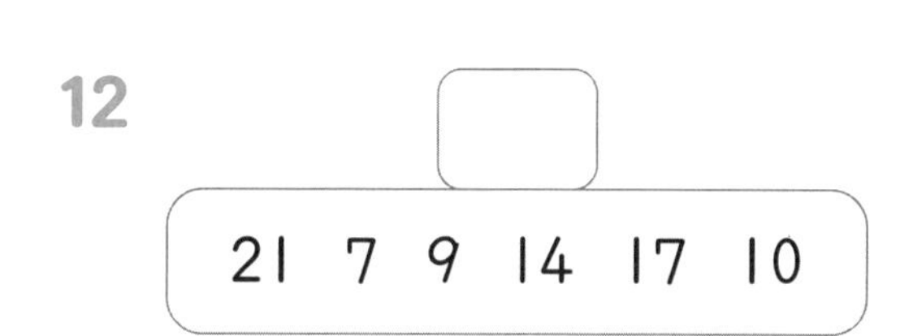

4 PART

29 B 평균은 일상에서 많이 쓰여요

(평균)=(자료 값의 합)÷(자료의 수)

5학년 학생들의 50 m 달리기 기록입니다. 평균을 구하세요.

달리기 기록이니까 평균이 낮을수록 빠른거야!

01

이름	가인	동현	시연	평균
기록(초)	24	11	13	

02

이름	초롱	상연	지후	평균
기록(초)	21	12	9	

03

이름	수인	정국	동운	평균
기록(초)	18	13	14	

04

이름	연진	지호	지민	평균
기록(초)	8	19	12	

05

이름	여진	민호	용일	보현	평균
기록(초)	20	23	13	16	

06

이름	재범	지용	연희	영화	평균
기록(초)	13	18	16	21	

07

이름	균수	명현	순용	정화	평균
기록(초)	27	22	30	13	

08

이름	수민	영진	진희	민규	평균
기록(초)	10	20	25	9	

09

이름	타민	수아	지현	태리	현정	평균
기록(초)	15	10	14	18	18	

10

이름	호민	종우	시현	다연	라희	평균
기록(초)	18	14	13	26	9	

11

이름	우희	범	연정	태민	치원	평균
기록(초)	8	11	19	10	17	

12

이름	상혁	종혁	한솔	범규	재하	평균
기록(초)	21	25	18	10	11	

5학년 학생들이 하루에 수학 공부를 한 시간입니다. 평균을 구하세요.

하루 평균 수학 공부 시간을 정해서 실천하면 수학 실력이 많이 향상돼!

01

이름	소연	우철	민석	평균
시간(분)	48	36	21	

02

이름	하나	민아	소민	평균
시간(분)	57	48	24	

03

이름	하니	아진	기수	평균
시간(분)	30	55	35	

04

이름	원중	기리	라엘	평균
시간(분)	32	32	47	

05

이름	원우	다래	민석	지후	평균
시간(분)	22	40	60	34	

06

이름	나연	희래	연우	웅	평균
시간(분)	28	21	50	33	

07

이름	아원	상우	수연	다희	평균
시간(분)	16	27	44	45	

08

이름	여름	원영	근석	나무	평균
시간(분)	23	52	12	13	

09

이름	지수	제니	민	상연	후	평균
시간(분)	29	40	11	13	42	

10

이름	종범	지유	가을	상후	지효	평균
시간(분)	16	14	23	27	5	

11

이름	진우	효민	아린	태림	미연	평균
시간(분)	29	17	55	24	30	

12

이름	동원	도진	동건	현우	재홍	평균
시간(분)	33	42	58	16	11	

30 A (자료 값의 합)=(평균)×(자료의 수)

평균을 구하는 식만 알아도 풀 수 있어요

평균을 구하는 식을 활용하여 자료 값의 합을 계산할 수 있고, 이 값으로 하나의 자료 값을 구할 수 있습니다.

(평균)=(자료 값의 합)÷(자료의 수)

→ (자료 값의 합)=(평균)×(자료의 수)

→ (하나의 자료 값)=(자료 값의 합)−(나머지 자료 값의 합)

식을 이해하면 따로 외울 필요가 없어!

자료 값의 합을 구하세요.

평균	자료 값의 합
16	■+15+21+19= 64 (16×4=64)

01

평균	자료 값의 합
31	■+20+25+35+10=

02

평균	자료 값의 합
24	■+35+25+23=

03

평균	자료 값의 합
19	■+22+17+20+19=

04

평균	자료 값의 합
34	■+16+9+42=

05

평균	자료 값의 합
17	■+20+34+10+11=

06

평균	자료 값의 합
20	■+17+22+14=

07

평균	자료 값의 합
26	■+19+14+37+23=

과자와 빵의 하루 평균 판매량입니다. 마트별 총 판매량을 구하세요.

A 마트			
제품군	과자	빵	총합
종류(종)	10	5	540
평균 판매량(개)	44	20	

10×44+5×20=540

01

B 마트			
제품군	과자	빵	총합
종류(종)	8	7	
평균 판매량(개)	15	32	

02

C 마트			
제품군	과자	빵	총합
종류(종)	2	8	
평균 판매량(개)	12	18	

03

D 마트			
제품군	과자	빵	총합
종류(종)	9	3	
평균 판매량(개)	20	14	

04

E 마트			
제품군	과자	빵	총합
종류(종)	7	6	
평균 판매량(개)	18	12	

05

F 마트			
제품군	과자	빵	총합
종류(종)	9	2	
평균 판매량(개)	15	19	

06

G 마트			
제품군	과자	빵	총합
종류(종)	11	3	
평균 판매량(개)	16	12	

07

H 마트			
제품군	과자	빵	총합
종류(종)	5	6	
평균 판매량(개)	14	13	

08

I 마트			
제품군	과자	빵	총합
종류(종)	4	7	
평균 판매량(개)	20	12	

09

J 마트			
제품군	과자	빵	총합
종류(종)	8	4	
평균 판매량(개)	24	31	

(자료 값의 합)=(평균)×(자료의 수)

30 B 스스로 식을 이해하며 풀어 봐요

자료와 그 자료의 평균입니다. 자료 값을 구하세요.

24

21 32 19

24=(자료 값의 합)÷3
(자료 값의 합)=24×3=72
72=21+32+□
□=19

01
23
2 52 31 □

02
15
21 10 17 □

03
17
27 12 6 5 □

04
16
15 25 13 8 □

05
19
22 23 □

06
10
7 8 □

07
24
17 28 16 □

08
28
9 15 43 □

09
9
2 3 8 □

10
16
21 15 20 □

11
11
18 19 1 2 □

12
14
7 8 19 22 □

자료와 그 자료의 평균입니다. 자료 값을 구하세요.

01
평균: 41
자료: 46 48 □

02
평균: 30
자료: 60 12 □

03
평균: 16
자료: 22 4 □

04
평균: 15
자료: 11 16 □

05
평균: 28
자료: 21 36 27 □

06
평균: 33
자료: 29 45 13 □

07
평균: 16
자료: 3 34 21 □

08
평균: 19
자료: 1 14 25 □

09
평균: 30
자료: 39 8 42 □

10
평균: 14
자료: 15 19 20 □

11
평균: 25
자료: 34 41 8 3 □

12
평균: 16
자료: 16 6 17 15 □

13
평균: 16
자료: 3 51 4 6 □

14
평균: 23
자료: 7 21 33 24 □

4 PART

평균 연습 1

31 A 식 하나로 다양한 유형을 풀 수 있어요

자료의 평균을 구하세요.

01

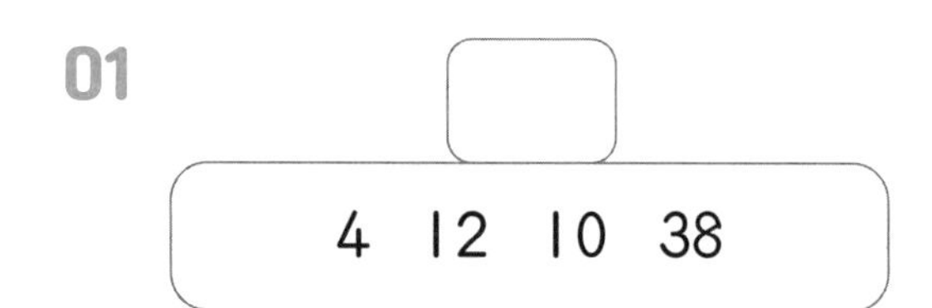

02

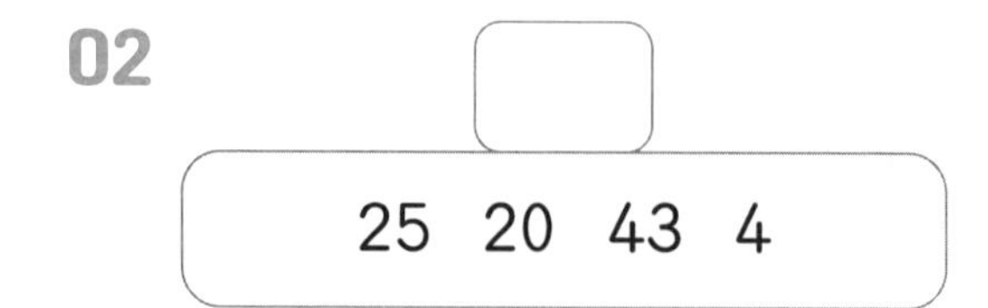

03

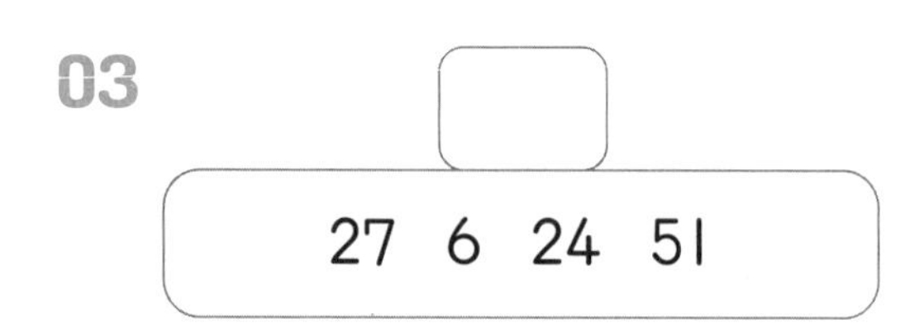

04

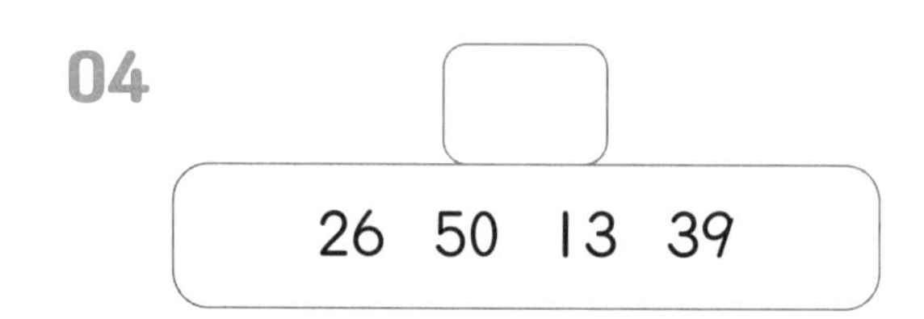

05

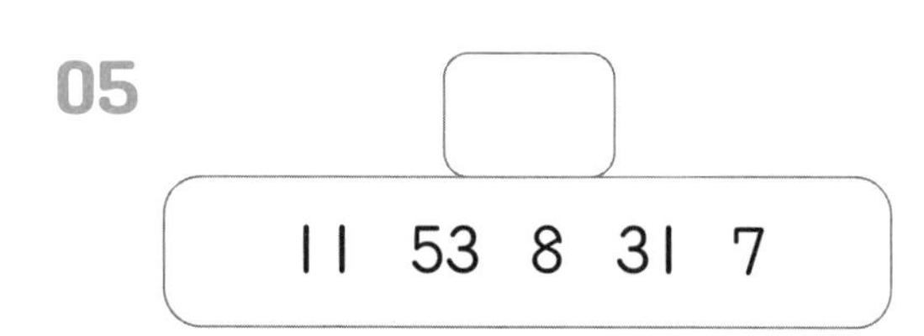

06

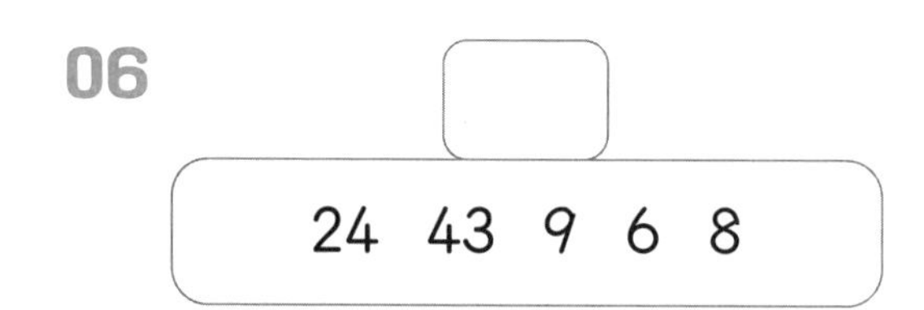

07

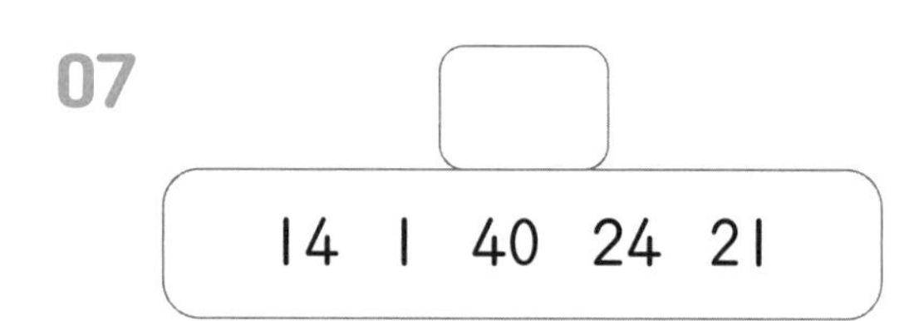

08

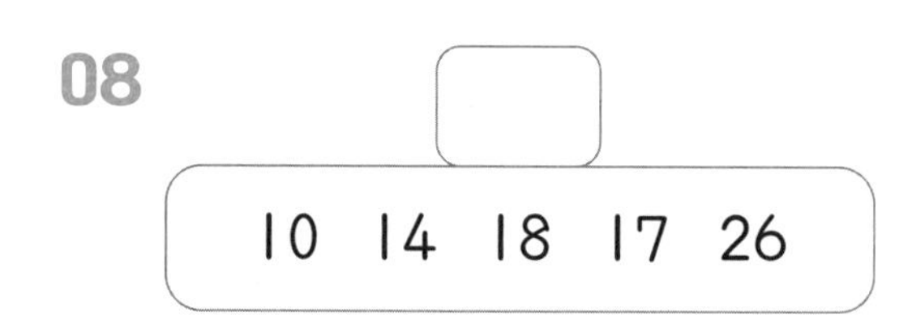

09

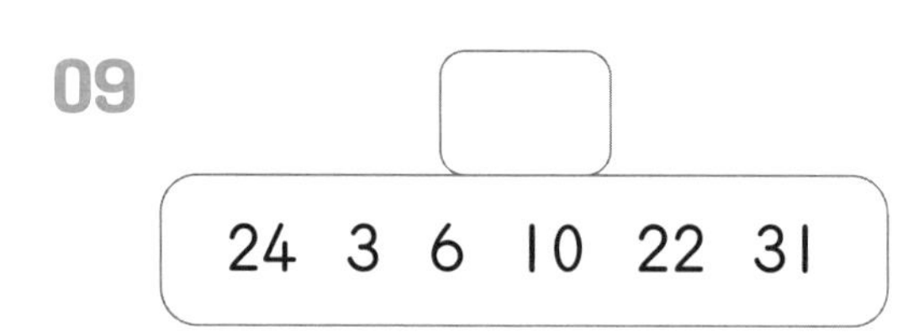

10

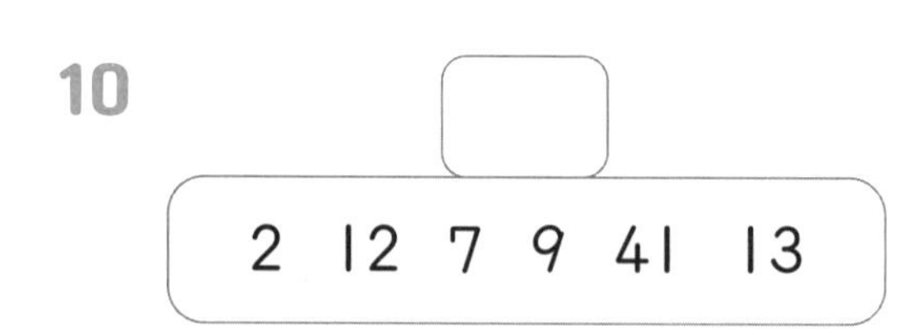

11

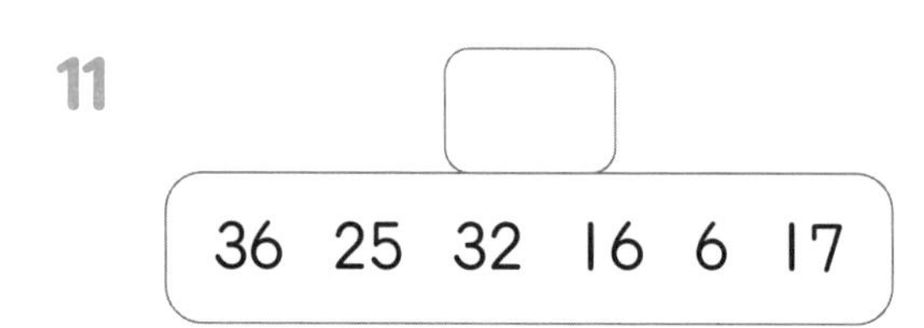

12

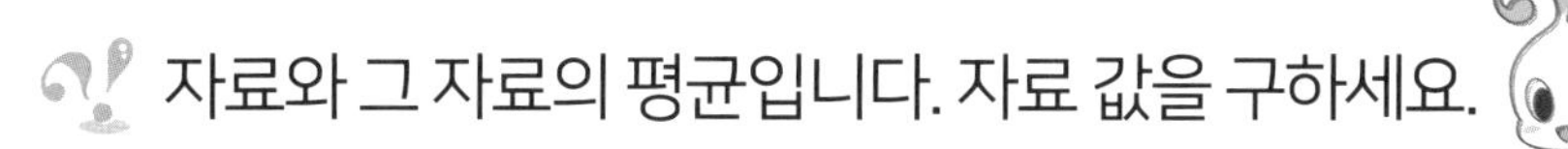

식을 따로 외워서 풀려고 하지 말고 평균 구하는 식을 잘 떠올려 봐!

01

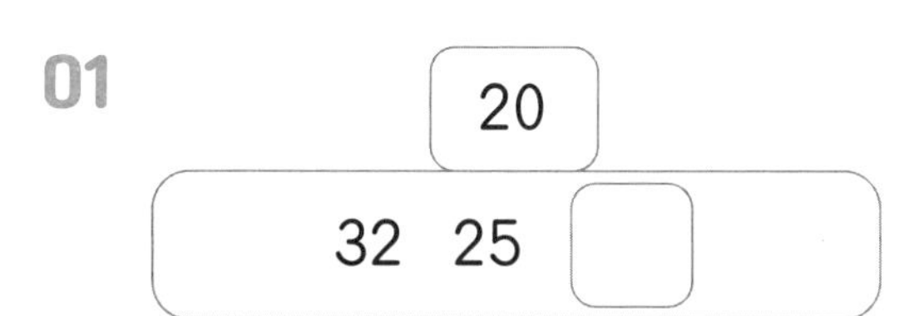

02

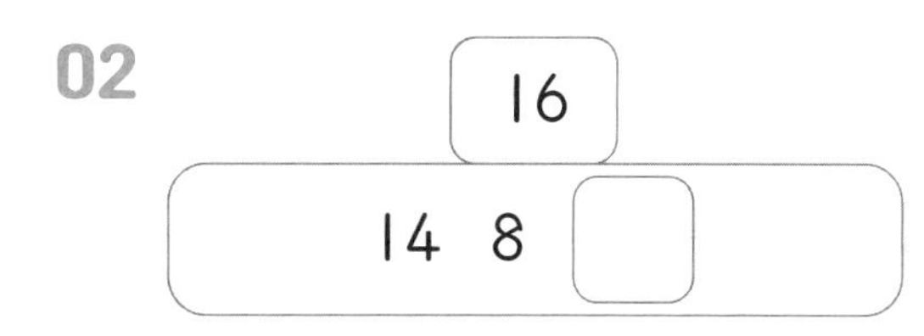

03

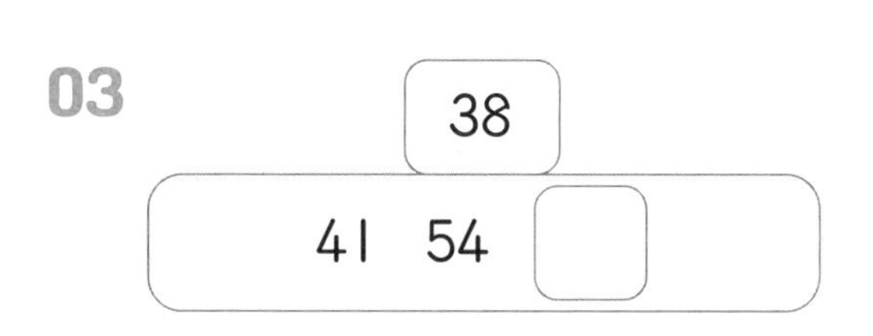

04

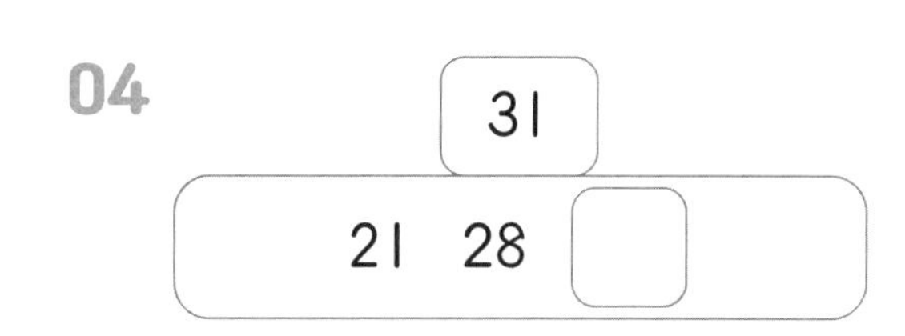

05

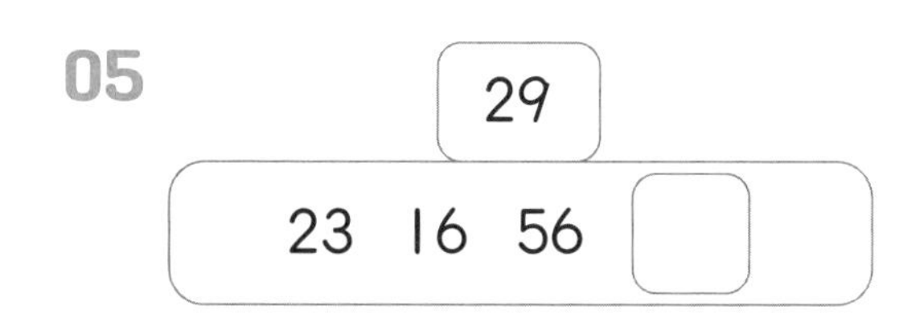

06

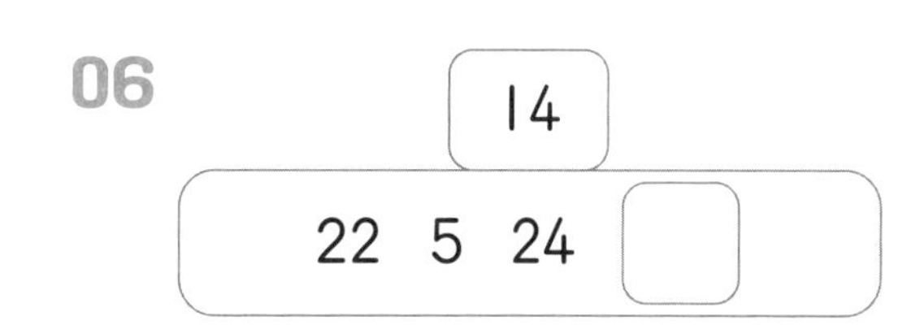

07

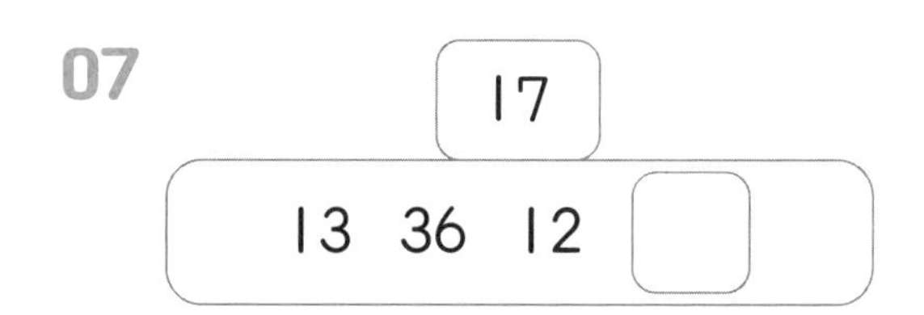

08

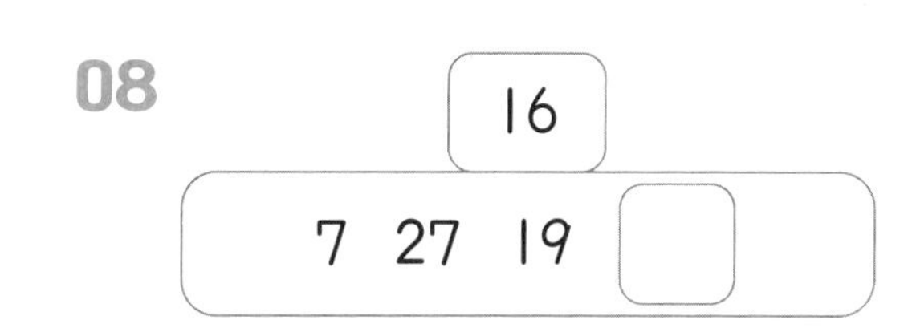

09

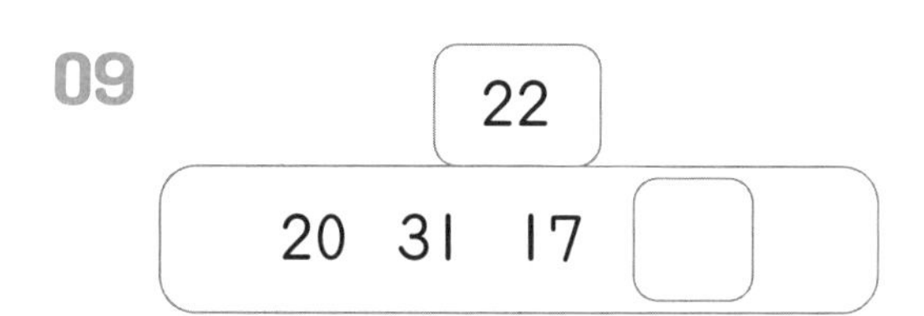

10

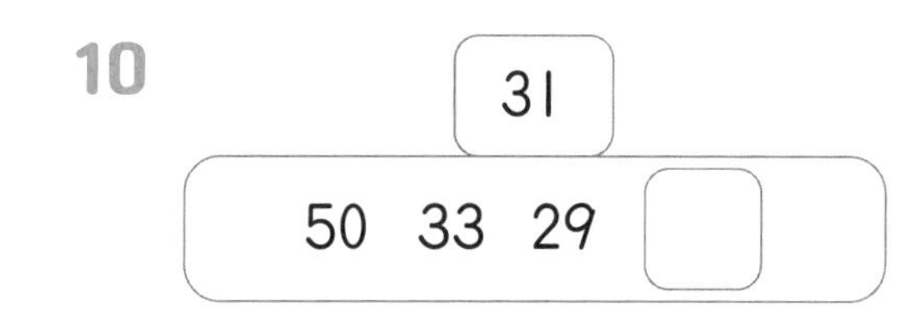

11

12

17

19 11 16 32 □

13

30

48 35 14 16 □

14

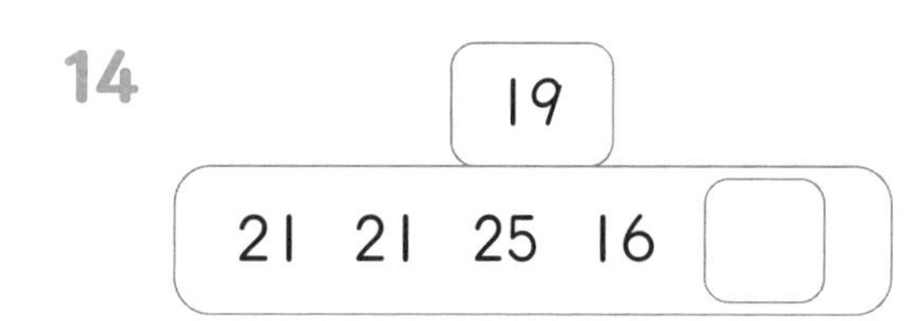

4 PART

평균 연습 1

31 B 평균을 알면 자료의 특징을 알 수 있어요

자료의 평균을 구하세요.

01

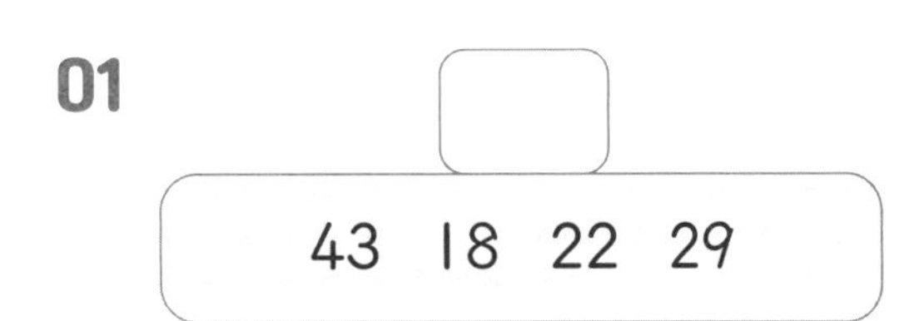

02

03

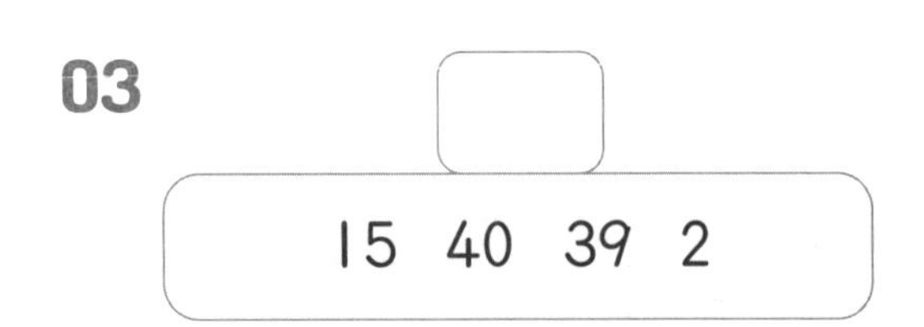

04

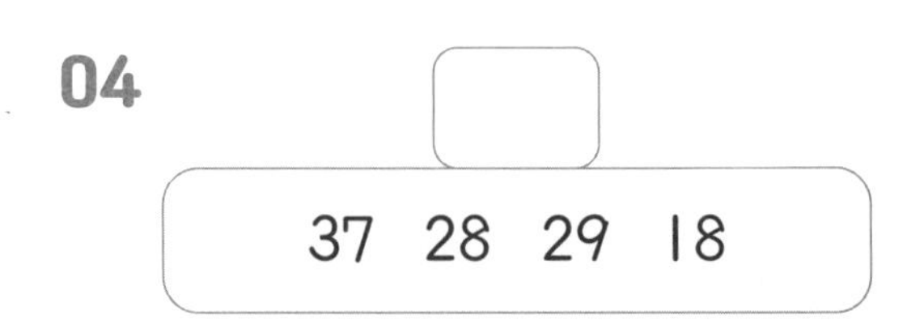

05

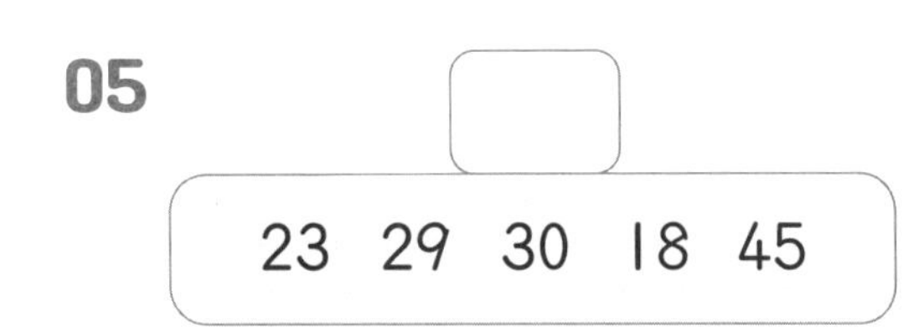

06

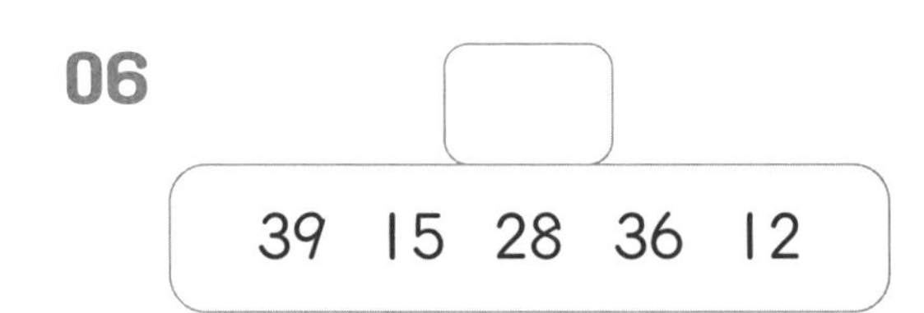

07

08

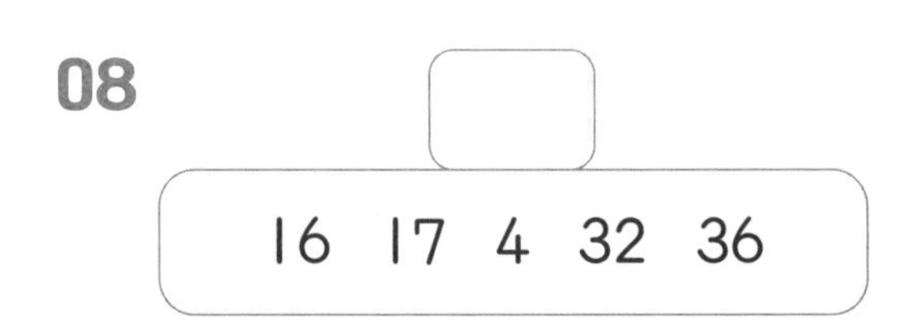

09

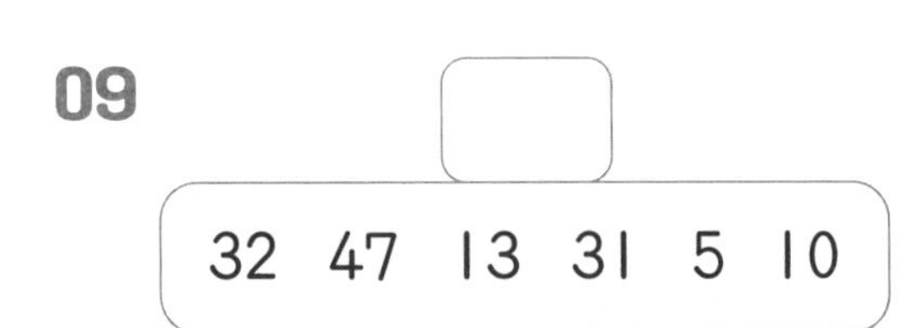

10

11

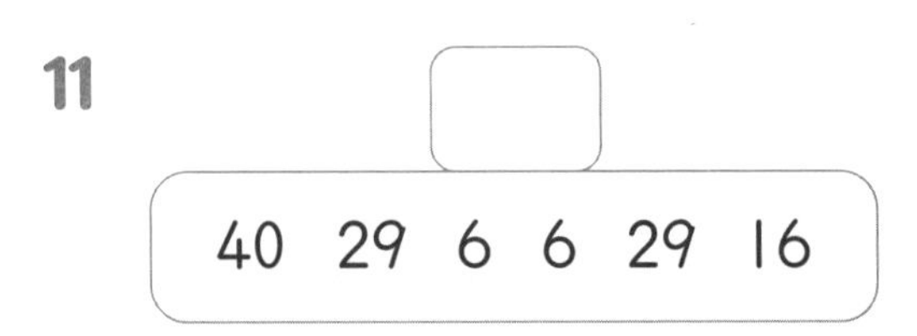

12

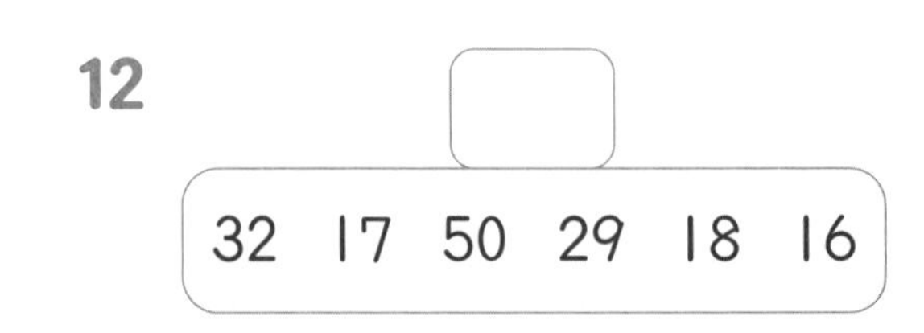

자료와 그 자료의 평균입니다. 자료 값을 구하세요.

01 평균: 15 / 자료: 7 17 □

02 평균: 38 / 자료: 33 35 □

03 평균: 38 / 자료: 39 50 □

04 평균: 22 / 자료: 11 24 □

05 평균: 26 / 자료: 17 38 34 □

06 평균: 28 / 자료: 27 43 23 □

07 평균: 25 / 자료: 41 16 23 □

08 평균: 20 / 자료: 31 17 19 □

09 평균: 18 / 자료: 11 15 17 33 □

10 평균: 35 / 자료: 36 9 44 24 □

11 평균: 33 / 자료: 43 39 4 18 □

12 평균: 29 / 자료: 21 16 49 37 □

13 평균: 30 / 자료: 8 33 24 31 35 □

14 평균: 26 / 자료: 27 31 4 42 41 □

32 Ⓐ 평균 연습 2

중학교 때 나오는 내용이지만 미리 알고 있으면 좋아요

자료 값이 클 때에는 다음과 같은 방법으로 간단하게 계산할 수 있습니다.

① 자료 값 중 가장 작은 수를 기준으로 정합니다.
② 자료 값과 기준을 뺍니다.
③ ②번 값들의 평균을 구합니다.
④ ③번에서 구한 평균과 기준을 더하면 전체 평균이 됩니다.

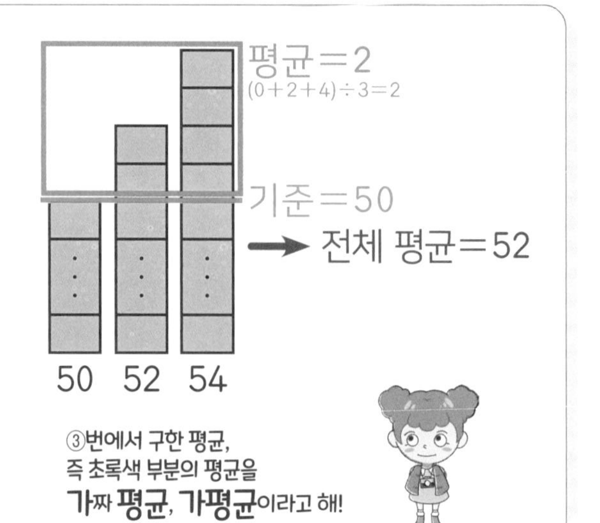

5일 동안의 식단표 중 하루 평균 칼로리가 2500 kcal보다 낮은 식단에 모두 ◯표 하세요.

요일	월	화	수	목	금
칼로리 (kcal)	1600	1800	2500	3000	1600

기준=1600
0+200+900+1400+0=2500
2500÷5=500
1600+500=2100
평균=2100 kcal

01

요일	월	화	수	목	금
칼로리 (kcal)	1700	3100	2700	1900	2900

02

요일	월	화	수	목	금
칼로리 (kcal)	2400	2200	2400	1700	1800

03

요일	월	화	수	목	금
칼로리 (kcal)	2300	3100	2500	2600	3900

04

요일	월	화	수	목	금
칼로리 (kcal)	4600	3500	1000	1600	3300

05

요일	월	화	수	목	금
칼로리 (kcal)	4200	2200	2300	3200	2800

06

요일	월	화	수	목	금
칼로리 (kcal)	2500	2200	3400	2000	1800

5일 동안의 식단표 중 하루 평균 칼로리가 2700 kcal보다 높은 식단에 모두 ○표 하세요.

01

요일	월	화	수	목	금
칼로리 (kcal)	3100	1700	1100	2300	1000

02

요일	월	화	수	목	금
칼로리 (kcal)	1900	4500	2700	2500	2000

03

요일	월	화	수	목	금
칼로리 (kcal)	3100	1800	2100	2900	1300

04

요일	월	화	수	목	금
칼로리 (kcal)	2800	3300	2600	2300	2700

05

요일	월	화	수	목	금
칼로리 (kcal)	3500	2200	2200	2700	3400

06

요일	월	화	수	목	금
칼로리 (kcal)	1400	2200	4900	3200	1500

07

요일	월	화	수	목	금
칼로리 (kcal)	2300	3600	2900	3400	2100

08

요일	월	화	수	목	금
칼로리 (kcal)	2600	4300	2700	2800	2100

09

요일	월	화	수	목	금
칼로리 (kcal)	2900	3100	2100	2200	1500

10

요일	월	화	수	목	금
칼로리 (kcal)	2300	2900	2500	3000	3600

11

요일	월	화	수	목	금
칼로리 (kcal)	2700	2000	2100	3100	2400

12

요일	월	화	수	목	금
칼로리 (kcal)	4400	3700	2200	2800	2800

이런 문제를 다루어요

01 서울의 요일별 최고 기온과 최저 기온을 나타낸 표입니다. 최고 기온, 최저 기온의 평균을 각각 구하세요.

서울 요일별 기온

요일	월	화	수	목	금	평균(℃)
최저(℃)	21	21	22	23	23	
최고(℃)	27	27	30	27	29	

02 준영이와 서진이가 5일 동안 마신 주스의 양을 나타낸 표입니다. 평균을 구하세요.

준영

요일	월	화	수	목	금	평균
양(mL)	250	190	100	50	200	

서진

요일	월	화	수	목	금	평균
양(mL)	220	100	500	50	100	

03 운동 종목별 평균을 구하세요.

왕복 오래달리기(회)

이름	기훈	연화	수진	진우	나연	평균
횟수(회)	65	70	83	67	20	

윗몸 말아 올리기(회)

이름	기훈	연화	수진	진우	나연	평균
횟수(회)	70	50	55	65	70	

04 운동 종목별 기록을 보고 진우의 기록을 구하세요.

먼저 자료 값의 합을 알아 낼 수 있어!

악력(kg)

이름	기훈	연화	수진	진우	나연	평균
무게(kg)	11	13	16		30	18

제자리 멀리 뛰기(m)

이름	기훈	연화	수진	진우	나연	평균
거리(m)	102	130	116		152	132

05 민규네 모둠과 건호네 모둠의 단체 줄넘기 기록입니다. 전체 회차의 평균이 높은 팀이 승리할 때, 승리한 모둠을 쓰세요.

민규네 모둠 줄넘기 기록(번)

1회차	65
2회차	56
3회차	53

건호네 모둠 줄넘기 기록(번)

1회차	63
2회차	66
3회차	48

답 : ____________

06 박물관의 평일 관람객 수입니다. 평일 관람객 수 평균이 102명일때, 가장 붐비는 요일이 무슨 요일인지 구하세요.

요일	월	화	수	목	금
관람객 수(명)	122	67	82		125

답 : ________

07 지영이네 가족과 현지네 가족의 몸무게입니다. 두 가족의 평균 몸무게가 같을 때, 현지의 몸무게를 구하세요.

지영이네 가족 몸무게(kg)

엄마	58
아빠	84
언니	55
지영	35

현지네 가족 몸무게(kg)

엄마	50
아빠	75
오빠	63
현지	

답 : ________kg

높이를 같게 만들어 봐!

상자 모양의 나무를 쌓았는데 높이가 같지 않습니다. 높이를 똑같게 만들기 위해서 가장 적은 개수의 나무를 옮긴다면 몇 개를 옮기면 될까요?